有些弯路，最好永远别走

别 / 最好永远 / 走

Don't Go
Detours in Life

王奎 著

中国财富出版社

图书在版编目(CIP)数据

有些弯路,最好永远别走 / 王奎著.—北京:中国财富出版社, 2017.10

ISBN 978-7-5047-6605-2

Ⅰ. ①有… Ⅱ. ①王… Ⅲ. ①人生哲学–青年读物 Ⅳ. ①B821–49

中国版本图书馆CIP数据核字(2017)第 253123号

策划编辑	张彩霞	**责任编辑**	刘瑞彩		
责任印制	梁 凡	**责任校对**	孙会香 卓闪闪	**责任发行**	张红燕

出版发行	中国财富出版社
社　　址	北京市丰台区南四环西路 188 号 5 区 20 楼　邮政编码　100070
电　　话	010-52227588 转 2048/2028(发行部)　010-52227588 转 307(总编室)
	010-68589540(读者服务部)　　　　　010-52227588 转 305(质检部)
网　　址	http://www.cfpress.com.cn
经　　销	新华书店
印　　刷	北京柯蓝博泰印务有限公司
书　　号	ISBN 978-7-5047-6605-2/B·0534
开　　本	710mm×1000mm　1/16	**版　次**	2018 年 3 月第 1 版
印　　张	15.25	**印　次**	2018 年 3 月第 1 次印刷
字　　数	219 千字	**定　价**	38.00 元

前 言/PREFACE

很多时候我们都是讲原则的，我们不想投机取巧，但每当看到那些不守规矩的人，却因为插队先拿到票，真的很不服气！

为什么那些打小报告的人、马屁精总能得到好工作，而干得多的老实人不仅升迁无望，反受人欺负、打压？

为什么没有多少能力的"花瓶"拿的工资反而比自己高？为什么老板只重用那个人，而我干得这么多，还是出力不讨好？

为什么他们放弃了原则，却因此省了十几年的奋斗？

……

面对这样的情况，我们禁不住心生疑惑，这份坚持到底是对还是错，到底值不值？

为什么大家有规矩不遵守反而可以获利、可以活得安然自在，而我们这些辛辛苦苦、勤勤恳恳的人却总要吃亏？

为什么吃亏的总是我？

我们甚至抱怨这个社会，为什么如此不公平？

可你越是抱怨，就越会发现生活中有无尽的"不公平"和烦恼。飓风、海啸、瘟疫、地震、饥荒，这些灾害是大自然对人类的惩罚，但它们发生在某些地方，上帝对那里的人公平吗？那些因贫困而将要辍学的学生，社会对他们公平吗？有些人一生下来就身有残疾，人生对他们公平吗？

要知道，生活本来就是不公平的，人生本来就是于不公平中寻找平衡。能够清楚地认识到这一点，标志着你在逐渐走向成熟。

你的父母为了使你长大后不自卑，一直努力让你觉得自己与众不同，所以，你总是自我感觉良好，觉得自己什么都可以做。但是，他们唯独没有教你如何正确认识现实，导致你一次次地吃亏。

当别人的请求超出你的能力范围的时候；当你应接不暇，感到分身乏术的时候……在人际关系的天平上，你已经属于弱势的一方，而你的那些付出，也不会让自己感到真正的快乐。

人们常说：性格决定命运。一个人的成长道路往往与自身的性格息息相关，因而，认清自己的性格，发挥性格优势，弥补性格弱势，就成为完善自身的关键。如果不能认识自己，那么很多坑都是你自己挖的，吃亏又怪得了谁？

……

天使会飞，是因为它们把自己看得很轻；人活得累，是因为放不下架子，撕不开面子，解不开情结。

任何一个有作为的人，都是在不断吃亏中成熟和成长起来的，在这个过程中，他们变得更加聪慧和睿智。倘若有谁一旦吃亏便愁肠百结，郁郁寡欢，甚至捶胸顿足，一蹶不振，受伤的只能是自己。而乐于吃亏是一种境界：若你在物质利益上不是锱铢必较而是宽宏大量，在名誉地位面前不是先声夺人而是先人后己，在人际交往中不是唯我独尊而是尊重他人、赏识他人，如此这般以吃亏为荣为乐，势必也会赢得人们的尊重和赏识。

有很多东西并不是在大学里、书本里可以学到的。我们靠自己摸爬滚打只会悟出些许，但那个时候，我们的黄金期已经过去了几年，甚至几十年。

人生不是演戏，它每天都在现场直播，我们没有能力再让过去的生活重新来一遍。为了避免进入社会后吃太多的亏，我们现在就要未雨绸缪，为将来打好基础。

本书当然谈不上是灵丹妙药，但它至少为你指点迷津——有些事我们不懂，就会一辈子吃亏！

目 录/CONTENTS

第三章　别问为什么吃亏——职场要功劳不要苦劳 …………………… 49

　　职场非常现实，也非常残酷，它只崇尚成功。当你默默无闻地做着普通的工作时，不会有任何人对你投来关注的目光，没有人喜欢跟不求上进的人建立友谊，也没有人愿意替失意者承担他们的不良情绪。

第四章　过分取悦别人，吃亏的就是自己 …………………… 71

　　在生活中，我们要学会拒绝别人过分的要求、无理的纠缠、恶意的怂恿、各种满布陷阱的诱惑……过分取悦别人，吃亏的就是自己！

第五章　苛求完美，不过是自讨苦吃 ………………… 97

完美，一个乌托邦式的假想，却是促进古往今来多少人奋斗不息的源源动力。完美固然能在某种程度上代表一种圣洁，但一个过于追求完美的完美主义者，便会痛苦，便会处处吃亏。

第六章　"高帽"害人，当心被"捧杀"了还不自知 ……………… 117

虚荣心不少人都有，溢美之词人人都爱，但是切不可戴着别人给的"高帽子"飘飘然不知所以，甚至被那些不怀好意的善于溜须拍马、阿谀奉承的人所利用而不知。

第七章　恃才而骄，锋芒毕露只会自讨苦吃 ……………… 143

锋芒可以刺伤别人，也会刺伤自己。一个人自恃有才，狂妄自大，将才华当成炫耀和骄傲的资本，以博取大家的赞美和羡慕，满足自己的虚荣心，其结果往往是适得其反。

第八章　选择不对，越努力越是吃大亏 ……………… 165

人生的道路充满了一个个交叉的十字路口，只有在每一个路口都做出正确的选择，才能在绚丽的人生大道上走出一串串坚定的脚印，实现人生价值。选择不对，努力白费，还会让自己吃大亏。

第九章　长点心眼儿，别人怎么待你其实是你决定的 …………… 191

你无意识中的行为和态度会教会别人怎么待你，就好比你朝生活这面镜子微笑，它也会对你微笑一样。

因此，正是你自己决定了别人怎样待你。

第十章　天无绝人之路，有时吃亏也是福 ……………………… 211

上天是公平的，当你在这里损失，必然会从那里得到。因此，有时吃亏是福。事事斤斤计较，只会徒然给自己增加痛苦。不如看淡得失，放下名利，享受生活的快乐。

第一章

吃亏的短板——你以为你是谁

想要不吃亏，先要认识自己，找到自己的短板和长处。过高估计自己，会脱离现实，守着幻想度日，怨天尤人，怀才不遇，小事不去做，大事做不来，最终一事无成；过低估计自己，会产生强烈的自卑感，导致自暴自弃，结果，明明能做好的事，也会因胆怯而不敢去试，最后抱憾终生。

1. 你就是你，别把自己不当回事

在古希腊帕尔索山上的一块石碑上，刻着这样一句箴言："你要认识你自己。"卢梭曾经这样评论此碑铭："比伦理学家们的一切巨著都更为重要，更为深奥。"显然，认识自己是至关重要的。

要想真正认识自己非常难，有些人活了一辈子，看别人很准，却始终难以看清自我。要想成功，首先就要认清自己，无论别人怎么评价你，那些都不重要，因为没有人比你更了解自己。

很多人失败了，因为他们没有认清自己，没有找到自身的优势和劣势。如果能清楚地知道自己的优缺点，发挥长处，避免短板，就更容易取得成功。

老子说："知人者智，自知者明。"可见，认识自己是多么重要。只有认清自己，才能找到发展方向，步入正确的人生轨道。

日本保险业泰斗原一平27岁时，进入日本明治保险公司从事推销工作。那时的他，穷得连午饭都吃不起，而且晚上只能露宿公园。

有一天，他向一位老和尚推销保险，等他详细介绍完之后，老和尚平静地说："你所说的话，丝毫引不起我投保的兴趣。"

老和尚注视原一平良久，接着又说："人与人之间，像我们这样相对而坐的时候，一定要具备一种强烈吸引对方的魅力，如果你做不到这一点，将来也就没什么前途。"

原一平哑口无言，冷汗直流。

老和尚又说："年轻人，先努力改造自己吧！"

"改造自己?"原一平问道。

"是的,要改造自己首先要认识自己,你知道自己是一个什么样的人吗?"老和尚又说,"你要替别人考虑投保之前,必须先考虑自己,认识自己。"

原一平不太理解,疑惑地问道:"先考虑自己?认识自己?"

"是的,赤裸裸地注视自己,毫无保留地彻底反省,然后才能认识自己。"老和尚意味深长地回答道。

从此,原一平开始努力认识自己,改善自己,终于成为一代推销大师。

认识自己,找准自己的人生定位,这决定了一个人事业的成败。

成功人生从正确认识自己开始,如果过高估计自己,会脱离现实,守着幻想度日,怨天尤人,怀才不遇,小事不去做,大事做不来,最终一事无成;如果过低估计自己,会产生强烈的自卑感,导致自暴自弃,结果,明明能做好的事,也会因胆怯而不敢去试,最后抱憾终生。

现实生活中,很多人只看到自己消极的一面,大部分的自我评估都包括太多的缺点、错误与无能。能够认识自己的缺点固然是好事,但这不是消极的理由,成功者会在找到自身缺点之后努力改进,他们会全面地认识自己,绝不轻视自己。他们在意识到自身缺点的同时,也会找到自己的闪光点。成功者的聪明之处在于,他们会尽力避免暴露个人缺点,而将优点发挥到极致,之后,再慢慢改掉自己的坏习惯。

综上所述,认识自己是多么重要。倘若能正确认识自己,成功时看得起别人,失败时看得起自己,那么,你一定能在激烈的竞争中保持优势,谋得发展。

(1) 从现实和历史的状况中认识自己。你最近及过去的事业、工作等各方面的基本情况如何?要从多角度分析,尽可能准确、客观。

(2) 从个人和大家的评价中认识自己。选择有一定代表性的个人,如你最要好的朋友、最亲密的同事等，一般来说，他们比别人更了解你。大家的看法，可以是你任职公司的看法，也可以是某个组织的看法。

（3）从工作和学习中认识自己。了解你工作的各种情况，比如，是否热爱你的工作，业绩如何；学习的情况，你对学习怎么看，是否感兴趣，对业务学习、政治学习、专业学习持什么态度，效果如何。

（4）从事业和生活中认识自己。从事的是什么事业，你的事业心怎么样，你对自己从事的事业是满怀激情还是勉强应付，你现在有何成就；你的家庭生活怎么样，是否幸福，原因何在。

（5）从自己的强项和弱项中认识自己。在工作、学习或者爱好中，你的强项是什么，成就如何，别人怎么看；你的弱项是什么，有什么具体改善措施。

（6）从以往的成功和挫折中认识自己。成功和挫折最能反映个人性格和能力上的特点，因此，我们可以从自己成功或失败的经验教训中发现自己的特点，在自我反思和自我检查中重新认识自己。

（7）从感兴趣和讨厌的事情中认识自己。你对什么事情感兴趣，哪一种你最感兴趣，这种兴趣发展到了何种程度，这种兴趣是否高雅、正当，这种兴趣是否已经发展为爱好，在这方面做深入分析。你讨厌什么，阐述具体情况。

（8）从单位和家庭中认识自己。你在单位的表现如何，地位如何，同事如何看你；你在家里的情况怎么样，对家庭是否有责任心，全家人怎么看你，你的父母亲、配偶怎么看你，孩子怎么看你。

（9）从生理和心理上认识自己。生理主要是指身体是否健康。心理包括的内容要多，比如，心理是否健康、心理品质如何等。分析自己的生理和心理，目的是为了更科学地评价自己，这样的评价会更全面、更准确。

（10）用传统的或者科学的方法认识自己。在人类历史上有许多如何识人识己的方法，我们可以拿来借鉴。

2. 你还是你，别把自己太当回事

自我感觉良好的人常常会陷入自我膨胀当中。我们每个人都需要有一技之长才能更好地活在这个世界上，在一些方面的特殊才能使我们形成了独特的风格和个性，人生也变得更加精彩，这是值得我们引以为荣的。但是，请牢记，山外有山，人外有人，别把自己太当回事，如果总是恃才傲物、目中无人、自以为是，那么很有可能是搬起石头砸自己的脚。

新加坡淡马锡控股公司的首席执行官何晶，为人很低调。她从不接受采访，即使在公开场合讲话，也很少回答人们的提问。在与何晶共事过的人们眼中，她是一个精明强干、思想敏锐的人，也是一个不愿被媒体曝光的商业女强人，但不为人知的是，何晶还是新加坡总理李显龙的夫人。

作为新加坡的第一夫人，何晶却喜欢朴素装扮，她经常留着一头短发。

当记者问她为什么这么低调时，何晶讲了一个寓言故事：两只大雁与一只青蛙同在一个池塘里，池塘的水越来越少，于是大雁决定飞回南方。大雁对青蛙说："要是你也能飞上天多好呀，我们还可以经常在一起。"青蛙灵机一动：它让两个大雁衔住一根树枝，然后它自己用嘴衔在树枝中间，一起飞上了天。地上的青蛙们都羡慕地拍手叫绝。这时有人问："是谁这么聪明？"那只青蛙生怕错过了表现自己的机会，于是大声说："这是我想出来的……"刚一张口，它便从空中掉下来了。

迈兹纳曾有一句名言：不要把自己看得太重要，没有你，事情一样可以做得好。不要把自己太当回事，坦诚而平淡地生活，没有人把你看成是卑微、怯懦和无能的。如果你总是把自己当作珍珠而四处炫耀，那么就时时有被湮没的危险。

很多时候，我们远不像自己想象的那般重要，那样受人关注。把自己看轻一点，把自己放得轻松点，就能解决很多问题，而不是陷入无尽的烦恼与痛苦之中。

即使你真的非常优秀，非常了不起，也请你不要自我膨胀。无论你从事什么行业，过着怎样的生活，都不过是一个人。即使自己能翻手为云，覆手为雨，也不要把自己太当回事。因为许多事情都是一时的、短暂的。如果你把自己太当回事，可能有一天你会变得什么也不是。自我膨胀就像是在吹气球，谁都希望气球变大，但是吹入的气体过多就会使气球爆裂。

总之，做人还是要谨慎一些，别把自己太当回事了，否则只能让人产生反感，像吹爆的气球那样毁掉自己。只有对人生有清醒的认识，对自己有足够的了解，客观而公正地对待，方能从容地面对激烈的竞争，在生活的每一天都收获欣慰的笑容和真正的快乐。

3. 你是你自己，不要盲目与人攀比

所谓"人比人，气死人"，就是虚荣心理作怪的恶果。

生活中，我们也许经常听到妻子说自己的丈夫："你看，别人家的老公多潇洒、多威风。三楼的阿强开个出租车，一个月挣三四千都不成问题。对面的老张坐在家中搞创作，每个月的稿费单就有几十张，少说也有七八千。你看你，要钱没钱，要车没车，单位又不好，我怎么就这样没福气，当初我怎么能看上你这种人呢？"

俗话说：货比货得扔，人比人得死。

生活中常有这样的例子：

本来小两口生活得幸福自在。可某一天妻子对丈夫说："你看人家隔壁的老张，西装革履，哪像你这样邋遢。"丈夫听后脸色马上由晴变阴，尽管当时不一定言语，但心中总觉得不痛快。

过一会儿，丈夫怒气冲冲地说："你若看重物质，追求吃喝穿戴，那你就干脆找人家去。"妻子随便一句比较的话，使丈夫的尊严受到伤害，由此，妻子在丈夫心中也失去了不少光彩，以后的舌战也常由此爆发。

罗伯特·弗兰克教授说，你是愿意自己挣11万美元，其他人挣20万美元，还是愿意自己挣10万美元，而别人只挣8.5万美元呢？大部分的美国人选择了后者。弗兰克写过一篇论文《多花少存：为什么生活在富裕的社会里，却让我们感到更贫穷》，里面提到住房，一个人到底需要多大面积呢？主要取决于邻居拥有多大的住房，如果邻居的住房小，那他也不需要太大的住房。

也许人们都有一颗乌鸦的心，总攀比着别人的幸福。望着他人姹紫嫣红的花园，而忽略了自己脚下青翠的小草。岂不知，幸福是自我，是相对，是拒绝。

据心理学家调查：《福布斯》上榜的百名富翁和生活在纽约地铁的流浪汉，他们回答"感到快乐"的比例差不多，太平洋岛国的土著人与后工业化时代的人们的幸福感也如此相近……正如一棵青草虽没有乔木的高大却衍生了"更行更远还生"的顽强生命力。

城市万家灯火的喧嚣也许让你如痴如醉，但"采菊东篱下，悠然见南山"的情愫也许更使你流连忘返。幸福犹如天上点点闪烁的繁星，总有一颗属于你。

人各有命，命都不同。人都有自己的人生轨迹和道路。有的坎坷，有的平坦，这又怎能要求每个人都有同样的终点和目标呢？有人高歌，有人悲泣。有人一帆风顺，有人百转千回，四处碰壁，满身的伤痛和疲惫。不同的人生，不同的道路，不同的选择。路不在好，适合自己走的就是好路。

如果你把确定自己是否幸福的标准建立在与别人的比较中，那么你的生活中就充满了不满足和遗憾。

如果一个人习惯性地看向别人的肩膀，他就会为自己的肩膀不如别人的高而情绪低落，甚至是气愤难平；当他努力挺直了腰板，感觉自己的肩头有所升高，比刚才的那个人高了点，心里又会窃喜不已。

但是，他马上就会发现又过来一个肩膀比他高的人，这时他再怎么挺腰也不行了，于是他想到可以踮起脚尖，果然这下子终于超过那个人了。

但是，他又发现一个更高的，这时候他可能需要跳起来才能超过那人……

就这样，他的眼睛仿佛就是一个小雷达，他将所有的时间都用在搜寻比他高的人，绞尽脑汁想尽一切办法去超过他人。

从挺腰到踮脚再到腾空而跳，然后他开始投机取巧，一架无形的梯子搭建而成。

他一级级向上爬，登上一级之后，他刚开始有点幸福的感觉，但是马上就发现更高的目标，于是他不得不继续向上登。这是残忍的无底洞，他已经停不下来……

攀比不仅会让自己痛苦，也会让家庭受累，总是攀比、有着无限欲望的女人会对丈夫提出许多超出其能力的要求，增加丈夫的负担，影响家庭关系。攀比的女人没有一个快乐放松的心态，即使已经被幸福包围仍会不知足。

心理学家说，比较是人的本能，在集团内部，人们习惯寻找类似的比较对象。攀比带来的结果经常是痛苦的，如果能够好好处理比较心理就能避免痛苦发生。

记住，幸福具有普遍性和特殊性。它的特殊性属于每一个人。幸福是自我，因此幸福属于每一个人。

4. 争论什么？让你赢我也没有输

为什么有一些人总是喜欢争论？因为他们要表现自己的优越，要表现自己比别人强，说白了这就是一种虚荣。一般来说，争论的目的是想给自己争面子，但是真能如此吗？

不，争论是世界上最大的空耗，即使争赢了，也不能给自己挣来面子，有时甚至还会导致对方的怨恨。

你能确定你的观点和想法都是对的吗？如果不能，就不要自不量力与人争论不休。即便你确定自己是对的，也不要用争论去让别人接受你的观点，这既不能让别人心服口服，也不会给自己带来收获。

孔子说，己所不欲，勿施于人。所以当你的观点与别人的想法发生冲突的时候，还是先想一想争论是否有益于你的生活吧。

卡耐基在人际关系上就有过这样的失误。第二次世界大战刚结束的某一天晚上，他在伦敦参加一场宴会。宴席中，坐在他右边的一位先生讲了一段幽默故事，并引用了一句话，那位健谈的先生又说，他所引用的那句话出自《圣经》。

"他错了。"卡耐基回忆说，很肯定地知道出处。为了表现优越感，卡耐基纠正了他。那位先生的脸色很难看，他立刻反唇相讥："什么？出自莎士比亚？不可能！绝对不可能！那句话出自《圣经》。我确定如此。"两人各不相让，展开了激烈的争论。

最后，争论没有结果，卡耐基的朋友法兰克·葛孟坐在左边，他研究莎士比亚的著作已有多年，于是卡耐基和那位先生都同意向他请教。葛孟听了，在桌下踢了卡耐基一下，然后说："戴尔，你错了，这位先生是对的。这句话出自《圣经》。"那位先生听了，瞄了一眼卡耐基，以示得意。

卡耐基非常恼火，他心想：葛孟不会不知道那句话出自哪里，却故意让我难堪。

那晚回家的路上，卡耐基没好气地问葛孟："法兰克，你明明知道那句话出自莎士比亚。"

"是的，当然。"他回答，"《哈姆雷特》第五幕第二场。可是亲爱的戴尔，我们是宴会上的客人。为什么要证明他错了？那样会使他喜欢你吗？为什么不给他面子？他并没问你的意见啊。他不需要你的意见。为什么要跟他抬杠？永远避免跟人家正面冲突。"

是啊，跟别人的冲突对我们有害无益，能避免还是避免的好。争论与一个人的修养有关，当一个人的自我修养达到很高的境界和水平的时候，他绝不会再用争论的方式来解决问题。

"不许争吵"是佩恩·马尔特霍人寿保险公司为其代理人定下的规矩。他认为，同别人争论并不意味着就把别人说服了。说服人同与人争吵毫无相同之处。争吵对改变别人的看法不起任何作用。

我们可以确定，十之八九，争论的结果会使双方比以前更相信自己是绝对正确的。要是输了，当然你就输了；如果你赢了，还是输了。为什么？如果你的胜利，把对方的论点攻击得千疮百孔，证明他一无是处，那又怎么样？你会觉得扬扬自得。但他呢？你使他自惭。你伤了他的自尊，他会怨恨你的胜利。而且是——"一个人即使口服，但心里并不服。"

本杰明·富兰克林说："如果您与人争论和提出异议，有时也可取胜，但这是毫无意义的胜利，因为您永远也不能争得您的对手对您的友善态度。"

你更想得到什么？不妨认真地思考一下，是想得到表面的胜利还是别人的同情？要知道，鱼和熊掌是不可兼得的。

在与别人争论的过程中，也许你的意见是正确的。但如果为改变一个人的看法，而与对方过分地争论，那么，你所做的努力只是无用功。

事实上，任何一个人，无论其修养程度如何，都不可能通过争论把对方说服。

佛法讲，不能以仇解仇，而应以爱消恨。争吵是不能把一些事情弄清楚的，我们只能靠接触、和解的愿望和理解对方的真诚心愿，只有这些，才是解决问题的最好办法。

在争论时，少说一句，做出一些让步，就能风平浪静。俗话说，退一步海阔天空，主动退让息事宁人，以理智战胜冲动，很快就能把矛盾解决掉。当然，这种修养并不是天生的，而是后天修炼得来的。

要使不同的意见不致演变为争论，下面的建议或许对你有帮助。

(1) 欢迎不同的意见

不同的意见绝对不是引起争论的好理由。当你的观点与别人发生冲突的时候，不要着急说自己是正确的。人的思维不可能绝对完整和全面，总有一些客观或主观的原因让你有所欠缺。所以，即便你有确凿的证据证明自己是对的，也不要企图引起争论，而是要欢迎不同的意见，并表示感谢。

（2）不要相信你的直觉

自卫是人的本能反应。当有人提出不同意见的时候，直觉会让你首先去自卫。要为自己找理由辩护，这就是争论的开端了。因此，要避免争论，应该先冷静地听完对方所有的观点，客观地分析和思考，也许你真的能从中获益。

（3）勇于承认自己错了

争论的时候，尤其是到了白热化的时候，为了不输面子，双方都会据理力争，各不相让，这就使得争论更加难分难解。这时候，诚实是最难得的品质，如果发现自己真的有错，就不要再试图为此而掩盖或找理由开脱，那只会欲盖弥彰。坦然地向对方承认自己的错误，表面上看是丢了面子，但是你的诚实和勇气会让其他人更加佩服你。

（4）同意对方的观点

如果想尽快避免争论，最好的办法就是同意对方的观点，就像坐在卡耐基左边的那位朋友。因为无论是你赢了争论还是输了争论，都对自己没什么实质性的受益，与其这样，不如成人之美，成全对方的面子，如果私下里，对方发现你确实是对的，就会在心里感激你，而不会怨恨你。

5. 被你伤"面子"的那个人，永远不会忘记你

尊敬别人，给别人面子，其实也是给自己留有余地。所以你一定要记住：你伤过谁的面子，也许你早已忘了，可是被你伤害的那个人永远不会忘记你。

每个人都有自尊心，每个人都有好胜心，你想联络感情，就必须重视对方的自尊心，特别是不要在小事上让人丢面子。

从前有一位显宦，公务之暇，喜欢下棋，自负是国手，某甲在其门下做一名食客。有一天某甲与该显宦对弈，一出手便表现出咄咄逼人之势，该显宦知是劲敌。比赛到后来，竟逼得该显宦心神大乱，汗涔涔而下。某甲见对方焦急的神情，格外高兴，故意留一个破绽，给该显宦发现了，立即进攻，满以为可以转败为胜。谁知某甲突然使出撒手铜，一子落盘，很得意地说道："你还想不死吗？"

该显宦正杀得兴起，突遭此打击，心中大为恼火，起身就走。据说该显宦向来着意于修养，胸襟比普通人宽大，但也觉得颜面大失，颇为不快，因此对某甲始终耿耿于怀。

而某甲呢，还是莫名其妙，他始终不懂得为什么该显宦不再与他下棋。该显宦本能使某甲飞黄腾达，为了这一点不快，老是不肯提拔他，某甲郁郁不得志，只好以食客终其身。也许他要自叹命薄。谁知是忽略了对方的自尊心，抑制不住自己的好胜心，伤了对方面子，小过失铸成了大遗憾。

人人都有自尊心，伤害了别人的自尊，他人会将之视为"奇耻大辱"，会一直耿耿于怀，随时找机会进行报复。所以，一般人际交往千万不能伤害别人的自尊。这个故事旨在教训我们，在无关得失的小事中，可以让对方一步，这当然不是为了博得对方的欢心，做升官发财的阶梯，而在于获得多方面的好感，给人面子，给自己多留一些余地，使自己不会因小事而受到不必要的损害。

据历史记载，隋炀帝很有文采，但他最忌讳别人的文采比自己强。有些臣子因为犯忌，惨遭杀害。有一次，隋炀帝写了一首《燕歌行》诗，命令"文士皆和"，也就是仿照其诗的题材和一首。多数臣子皆较明智，不敢逞能，抱着应付态度，唯独著作郎王胄却不知趣，不肯屈居隋炀帝之下。后来，隋炀帝便找了一个借口将王胄杀害，并念着王胄的"庭草无人随意绿"的诗句，问王胄曰："复能作此语耶？"意思是你还能作出这样的诗句来吗？

这个故事告诉我们，争强好胜，使对方下不来台，常常不会有好结果。对于明智的人来说，即使自己会做得很好，也绝不会逞一时之强，做使他人面子难堪的蠢事。

在战国时期，有一个叫中山的小国。一次，中山的国君设宴款待国内的名士。当时正巧羊肉汤不够了，无法让在场的每个人都能喝上。没有喝到羊肉汤的司马子期感到很没面子，便怀恨在心。后来司马子期就到楚国劝楚王攻打中山国。中山很快被攻破，国王逃到了国外。当他逃走时，发现有两个人拿着戈跟在他的后面。便问："你们来干什么？"两人回答："从前有一个人曾因得到您赐予的一壶食物而免于饿死，我们就是他的儿子。我们的父亲临死前嘱咐，不管中山以后发生什么事，我们必须竭尽全力，甚至不惜以死报效国王。"

中山国君听后，感叹地说："仇怨不在乎深浅，而在于是否伤了别人的心。我因为一杯羊肉汤而亡国，却由于一壶食物而得到两位义士。"

人的自尊心比金钱更重要。一个人如果失去金钱，尚可忍受，一旦自尊心受到伤害，他是绝不会善罢甘休的。有时候，本不是故意的，却可能因为一句无心之话伤害别人，甚至可能为自己树立一个敌人。

6. 小心成为别人意见的"牺牲品"

生活中总是有些人不符合"大众标准"，于是就招来了许多非议。如果你就是这样一个"另类人"，请你不要随波逐流，轻易地就将自己改成大众形象。因为，也许你会因此错失成功的机会，成为别人意见的可悲"牺牲品"。

这是一个关于新西兰女作家简奈特·弗兰的真实故事。

20世纪四五十年代，简奈特·弗兰在一个道德严谨的村落长大。那里，也许是生活艰苦的缘故，每一个人都显得十分强悍而有生命力。只有她恰恰相反，从小在家里就极端怯懦，有时宁可被别人嘲笑也不肯轻易出门。比如，小时候，4个兄弟姐妹一听到爸爸下班的脚踏车声，就会兴高采烈地跑到院子里缠着爸爸要一些粗糙的糖果。只是，有时不够分，站在后面那个伸出手来却总是落空了的，肯定是她。她的状况很让父母担心，他们也经常在她面前叹气，唠叨说这孩子如何的不正常。

不正常？她从小听着长大，也渐渐相信自己是不正常了。入学年龄到了，她又被送去一个更陌生的环境，和同学相比之下，她几乎还处在牙牙学语的阶段。其他的同学很容易地就成为可以聊天的朋友了，而她也很想交朋友，可就是不知道怎么开口。为了帮她调整心态，父母不得不一次又一次给她转学校，但始终没有太大改观。

大家都觉得她是个奇怪的人，她总是用一些奇怪的字眼来描述一些极其琐碎不堪的情绪，家人听不懂她的想法，同学也搞不清楚，即使是自己最崇拜的老师也先入为主地认为那只是一些呓语与妄想。

为此，父母没少带她去看医生，最开始的时候，医生给她的诊断是自闭症，后来，也有诊断为忧郁症的。再后来，她脆弱的神经终于崩溃了，她住进了疗养院，又多了一个精神分裂症的诊断。她惶恐着，逃避着，默默地接受各种奇奇怪怪的治疗。

入院伊始，父母还每月千里迢迢地来探望，后来连半年也不来一次，似乎忘记了她的存在。别人就更不用说了，谁愿意经常来探望一个奇怪的"精神病人"呢？

医院的日子是落寞而空虚的，好在医院里摆设着一些过期的杂志，是社会上善心人士捐赠的。有的是教人如何烹饪裁缝、如何成为淑女的，有的谈一些好莱坞影视歌星的幸福生活，有的则是写一些深奥的诗词或小说。她没事的时候就翻着看看，有些文字自己也很喜欢，在医院里过着茫然而无聊生活的她，索性就提笔投稿了。

让人意想不到的是，那些在家里、在学校或在医院里，总是被视为不知所云的文字，竟然在一流的文学杂志刊出了。

医院的医师有些尴尬，赶快取消了一些较有侵犯性的治疗方法，开始竖起耳朵听她的谈话，仔细分辨是否错过了任何的暗喻或象征。家人觉得有些得意，也忽然发现自己家里原来还有这样一位女儿。甚至旧日小镇的邻居都不可置信地问：难道得了这个伟大的文学奖的作家，就是当年那个古怪的小女孩？

她出院了，并且依凭着奖学金出国了。

她来到英国，带着自己的医疗病历主动到精神医学最著名的Maudsley（莫兹利）医院报到。就这样，在固定的会谈过程中，不知不觉过了两年，英国精神科医师才慎重地开了一张证明没病的诊断书。

那一年，她已经34岁了。

一个从小被认为"不正常"的女孩，被医生诊断为"精神分裂症的患者"，在经过了几乎半辈子的时光后，终于挣脱了别人言论的樊笼，成为公认的当今新西兰最伟大的作家之一。

听取和尊重别人的意见固然重要，但千万不要用别人的标准给自己贴上标签。这样不仅会失去许多可贵的成功机会，有时还会失去自己。做自己认为对的事，成自己想成的人，无论成败与否，你都会获得一种无与伦比的成就感和自我归属感。正如但丁的那句豪言：走自己的路，让别人去说吧！

你是不是怕与别人不一样？你是不是怕成为众矢之的？一般情况下，这种怕并不能给你带来多大的坏处。但是也正因为这种怕，使得许多有着特殊才华的人不敢坚持自己，随波逐流，成为和别人一样的"俗人"，错失了一生的成功和幸福。

7. 不要刻意模仿别人，你就是独一无二的

我们应该庆幸，我们是这个世界上独一无二的个体，我们有着其他人不具备的天赋和能力，所以，我们完全没有必要去羡慕别人，去嫉妒别人，更没有必要去模仿别人！

春秋时期，越国的美女西施，其美貌简直到了倾城倾国的程度。无论是她的举手投足，还是她的音容笑貌，样样都惹人喜爱。西施略施淡妆，衣着朴素，走到哪里，哪里就有很多人向她行注目礼，没有人不惊叹她的美貌。

西施患有心口疼的毛病。有一天，她的病又犯了，只见她手捂胸口，双眉皱起，流露出一种娇媚柔弱的女性美。当她从乡间走过的时候，乡里人无不睁大眼睛注视。

其邻居是一个丑女子，不仅相貌难看，而且没有修养。她平时动作粗俗，说话大声大气，却一天到晚做着当美女的梦。今天穿这样的衣服，明天梳那样的发式，却仍然没有一个人说她漂亮。

这一天，她看到西施捂着胸口、皱着双眉的样子竟博得这么多人的注目，因此回去以后，也学着西施的样子，手捂胸口、紧皱眉头，在村里走来走去。哪知这丑女的矫揉造作使她原本就丑陋的样子更难看了。其结果，乡间的富人看见丑女的怪模样，马上把门紧紧关上；乡间的穷人看见丑女走过来，马上拉着妻子、带着孩子远远地躲开。人们见了这个怪模怪样的丑女人，简直像见了瘟神一般。

　　每个人都有不同的特质。或许丑女本来没有那么丑，但她因为扭曲自己的个性，硬学西施的样子，终于搞成了一个什么都不是的丑八怪。所以，尊重上苍给你的才能，那才是适合你的，一味地模仿只会徒增烦恼。

　　每个人都有虚荣心，就像每个女人都渴望漂亮，但是漂亮不是靠模仿来的。即便你模仿得很像，那也是别人的荣誉，而不是你的。所以，要相信自己就是最棒的，敢于展示真实的自己，而不是刻意地去模仿别人。也许你没有漂亮的脸蛋，但是你有优美的嗓音；也许你没有窈窕的身材，但是你有一颗善良的心灵。总之你是独一无二的，是无可替代的，这才是只属于你的美丽！

　　我们每个人的个性、形象、人格都有其潜在的创造性，我们完全没有必要一味去模仿他人。卡耐基有一句名言是："整日装在别人套子里的人，终究有一天会发现，自己已变得面目全非了！"的确，一味地模仿别人，最终只会失去自己，得不偿失。下面的这则寓言就说明了这个道理。

　　一只麻雀，总想学孔雀的样子。孔雀的步法是多么骄傲啊！孔雀高高地扬起头，抖开尾巴上美丽的羽毛，那开屏的样子是多么漂亮啊！"我也要像这个样子。"麻雀想，"那时候，所有的鸟赞美的一定会是我。"于是，麻雀伸长脖子，抬起头，深吸一口气让小胸脯鼓起来，伸开尾巴上的羽毛，也想来个"麻雀开屏"。麻雀学着孔雀的步法前前后后地踱着方步。可这些做法，使麻雀感到十分吃力，脖子和脚都疼得不得了。最糟的是趾高气昂的黑乌鸦、时髦的金丝雀，还有蠢笨的鸭子，等等，全都嘲笑这只学孔雀的麻雀。不一会儿，麻雀就觉得受不了了。

　　"我不玩这个游戏了，"麻雀想，"我当孔雀也当够了，我还是当个麻雀吧！"但是，当麻雀还想像原来那个样子走路时，已经不行了。麻雀再没法子走了，除了一步一步地跳动外，再没别的办法了。

有调查显示，一般人只用了自己10%的能力，也就是说，我们身体内还有90%的能力未被利用。如果我们把这些潜能挖掘出来，那么我们就有可能比那些我们羡慕的人更优秀。所以我们不应再浪费任何一秒钟，去忧虑我们不是其他人。事实也证明，模仿他人，永远不会踏上成功之路。

玛格丽特·麦克布蕾刚刚进入广播界的时候，想做一个爱尔兰喜剧演员，结果失败了。后来她发挥了她的本色，做一个从密苏里州来的、很平凡的乡下女孩，结果成为纽约最受欢迎的广播明星。卓别林开始拍电影的时候，那些电影导演都坚持要卓别林学当时非常有名的一个德国喜剧演员，可是卓别林直到创造出自己的一套表演方法之后，才真正成名。

盲目地模仿别人，必定失去自我。表面上看起来这只是个人的性格问题，其实它会给你的生活、事业套上无形的枷锁。因为，你失去了信心，失去了用自己的头脑思索问题并做出人生抉择的能力。

我们应该庆幸，我们是这个世界上独一无二的个体，我们有着其他人不具备的天赋和能力，所以，我们完全没有必要去羡慕别人，去嫉妒别人，更没有必要去模仿别人！

一件华丽的外衣，每个人都想把它穿在身上，以示自己的美丽。但是，当你要用别人身上的光环来编织这件外衣的时候，当你要借助模仿别人的美丽或者成功来显示自己的时候，就意味着你已经受虚荣心的钳制，或者说已经被其控制。那么，请你看看"东施效颦""邯郸学步"的下场吧。

8. 你不必追求每个人的满意

活得累，是现代人的普遍感受，这在很大程度上是因为追求完美。可是也许你已经发现，不管自己是多么的努力，行为是多么的正确，自我反省是多么的深刻，永远也达不到所有人对自己的要求。世界是这么大，社会是这么复杂，人的思想观点是这么的不同，要求人人一致地赞同一件事是难乎其难，甚至是不可能的。聪明的人，就应该在此时避重就轻，创造一种心理导向的效应。

每个人都会有自己的感觉，都会有自己的想法。所以，不要试图让所有的人都对你满意，否则你将永远也得不到快乐。

父子俩牵着驴进城，半路上有人笑他们：真笨，有驴子不骑！

父亲便叫儿子骑上驴，走了不久，又有人说：真是不孝的儿子，竟然让自己的父亲走路！

父亲赶快叫儿子下来，自己骑到驴背上，又有人说：真是狠心的父亲，不怕把孩子累死！

父亲连忙叫儿子也骑上驴背。谁知又有人说：两人骑在驴背上，不怕把那瘦驴压死？

父子俩赶快溜下驴背，把驴子四肢捆起来，用棍子扛着。经过一座桥时，驴子因为不舒服，挣扎了起来，结果掉到河里淹死了！

很多人为人处世就像这故事中的父亲，人家叫他怎么做，他就怎么做；谁抗议，就听谁的。结果呢？大家都有意见，而且大家都不满意。

一个人想面面俱到，不得罪任何人，又想讨好每一个人，那是绝对不可能的！因为在做人方面，你不可能顾到每个人的面子和利益，你认为顾到了，别人却不这么认为，甚至根本不领情的也大有人在。在做事方面，你也不可能顾到每个人的立场，每个人的主观感受和需要都不同，你要让每个人满意，事实上，就是让所有人都不满意！

结果呢？为了面面俱到，反而把自己累坏了，而因为怕对方不满意，还得察言观色，揣摩别人的心思，这多么辛苦啊！

那应该怎么做？做你该做的！也就是说，你认为对的，就不受动摇地去做，参考别人的意见要看意见本身，而不是看别人的脸色。这么做有时确实会让一些人不高兴，但你的不受动摇却可赢得这些人事后的尊敬，毕竟人还是服膺公理的，除非你的坚持完全出于私心！

这么做，会有人称赞你，也会有人骂你，但想面面俱到的人，结果是每个人都会嘲笑你——就像故事中的父亲！

俗话说：岂能尽如人意，但求无愧我心！就像萝卜白菜各有所爱一样，所以，不要奢望得到一个人人都满意的结果，那是不可能的事情！

有一个被人广为称颂的事例：

某一位诗人一次把自己的得意诗作拿到广场上去展览，很自信地对观众说，如果你们认为有败笔，尽可以指出。到了晚上，诗人的作品上标满了记号，人们挑出了无数他们认为是败笔的地方。诗人非常不甘心，他灵机一动，又写了一首完全相同的诗拿到广场上展出，不同的是他请观众标出诗中的妙处。结果到了晚上，诗人看到所有曾被指责为败笔的地方，如今都换上了赞为妙笔的记号。诗人的结论是："我发现了一个奥秘，那就是不管我们干什么，只要使一部分人满意就够了，因为在有些人看来是丑恶的东西，在另一些人的眼里，恰恰是美好的。"

诗人的大悟，可以作为我们对非难、诽谤的一种基本态度；而诗人的这种做法，也可以作为我们在一定程度上考虑如何减轻非难、诽谤这个问题的基本出发点。

我们为人处世经常按别人的反应，而很难按自己的意愿去行动，尤其是在关于"成功""幸福"之类重要的问题上，一切似乎已经有了约定俗成的标准。弗洛伊德说："简直不可能不得出这样的印象，人们常常运用错误的判断标准——他们为自己追求权力、成功和财富，并羡慕别人拥有这些东西，他们低估了生命的真正价值。"

心理学家指出，如果给两组完全相同的人像，一组人像下写"残暴""凶恶""狠毒"一类的词，一组人像下写"果敢""勇毅""顽强"一类的词，请两组测试者对人像做职业估计，那么前一组人像可能会被认为是罪犯，而后一组人像就可能被认为是军人。就像人们往往把银幕上、球场上的明星作为一种偶像，把表演中的人当作生活中真实的人一样。人类的内心有一种很强烈的接受外界暗示，通过语言、形象的传播媒介树立形象的欲望，它构成了所谓的"心理导向效应"。诗人的"败笔""妙笔"，正是两种效应完全相反的心理导向产生的结果。

了解了这一点之后，如果要使自己摆脱困境，减小压力，争取更多的赞同，就可以根据不同的情况采取不同的措施。让每一个人都满意是不可能，也是没有必要的。

现实生活中我们也常常遇见类似的事情。当某人做了一件善事，引起身边同事们的注意时，会听到截然不同的评论。张三说你做得好，大公无私；李四说你野心勃勃，一心想往上爬；上司赞你有爱心，值得表扬；下属则说你在做个人宣传……总之，各种各样的议论，有的如同飞絮，有的好似利箭，一一迎面扑来。怎么办呢？最好的方法，就是抱着"有则改之，无则加勉"的态度。

事实上，一个人是不可能让所有人都对你满意的，即使已经尽心尽力在做了，还是会有让别人不满意的地方。如果所有的人都对你满意，表示你这个人必定有问题。因为如果做了坏事，好人会骂你；做好事，坏人会骂你。

至于自己是否有他们所想的那么坏或那么好，只有自己知道。因此，最重要的是要对自己的良心、对自己的努力奉献负责；别人对你的批评、要求，那都是其次的。

如果太在乎别人的赞美，会变得骄傲、得意；太在意别人的批评，会觉得懊恼、无奈，对你或是对事情都会有不好的影响。所以，最好的方法应该是：随时保持内心的平静，把事做好。

我们不管干什么，只要一部分人满意便是成功。因为，在有些人看来丑恶的东西，在另一些人眼里则恰恰是美好的。

不要对自己太苛刻，工作上给自己定一个能达到的目标，只要对得起自己的努力和良心，不要太在意外人对你的评价，否则，遇到挫折就可能导致身心疲惫，万念俱灰。不要为了让周围每一个人都对你满意而处处谨小慎微，不要顾及他人的眼光而改变自己的言行，不要让所有人都满意了而委屈了自己，我行我素在必要时还是要得的。

情绪的过分紧张和焦虑，会影响一个人的生活情趣和解决问题的能力，对于生活中遇到的始料不及的事，应该学会放松，调节自己的情绪，保持生活的规律和睡眠的充足，以饱满的精神状态去面对。学会倾诉和寻求帮助来排解不愉快，生活中绝大多数人都有一颗助人为乐的心，找一个听你诉苦的朋友不会是太难的事情。

人活一世不容易，何必事事都在意？你有什么必要去满意别人而委屈自己？

第二章

人生的好多坑，其实是你自己挖的

其实，人与人最大的差别是脖子以上的部分——大脑。由大脑中生出的观念才是决定一个人命运的最根本因素，有什么样的观念，就有什么样的出路。很多亏，来源于你的错误心态，换句话说，你人生的好多坑，其实是自己挖的。

1. 感觉不到危机，是最大的危机

任何阶段都应该有梦想和追求，不要再为丢了梦想找借口了，要敢于走出安逸的牢笼，寻找更广阔的天地。

现在有很多脑筋急转弯题用来测试人的性格，或者拿人来"寻开心"。

其中有一道题，相信很多人都被别人问过。这道题是："如果有下辈子，你愿意做下列哪种动物？答案：A.小鸟；B.梅花鹿；C.小狗；D.鱼儿；E.狮子；F.小猪。"

相信大家的答案五花八门，选什么的都有。不过你会发现选小猪的人会更多些。小猪入选的理由很明显：吃饱了睡，睡醒了吃，不需要动脑筋，天冷有窝，天晴有暖阳。

是啊，谁都想做一头开开心心的安逸的猪。但是别忘了，主人正是利用猪的安逸心理来让它养膘的，生活越安逸，它就越容易胖，胖了就该奔赴刑场了。所以才有"人怕出名，猪怕壮"的俗语流传。

还有一个故事，是讲猴子怎么进化成人的。

据说，这一伟大进步源于一场大火。

相传在远古时期，不知什么原因，森林里燃起了熊熊大火，"猴急"的猴子们仓皇出逃。这些逃出来的猴子因为运动了大脑、四肢，所以都进化成了人；而那些居住在没有着火的森林里的猴子至今还是猴子。

这个故事不具有科学依据，纯粹属于笑话，却说明了一个道理：人是被逼出来的：被环境所逼，被各种人所逼，被生活所逼……

大部分人都喜欢过相对安逸的生活，这也是很多人挤破脑袋考公务员的原因，尽管很多人并不能安于平淡的生活，但也会被舒适打动。这些人的生活其实在25岁就已经定型了。

也有很多人工作几年下来，已经走不出安逸的生活了，也找不回最初干劲儿十足的自己了，也许最初的梦想也不记得了。刚开始工作时，大家也许只是为了生计，没有过多考虑发展前途；等工作各方面都上手后，又只是每天重复相同的含金量不高的工作，工资比上不足比下有余；尽管他们也有清醒的时候，但还是不愿放弃如鸡肋般的工作。因为他们已经开始害怕新环境、新的人际关系。他们的激情、意志和奋斗的野心已经在不知不觉中被工作磨掉了。所以他们的结局就是平庸。

"这样的人很多，何必严格要求我呢?"这是很多人的想法。刚走上社会的人，不要让自己步这些前辈的后尘，不要过他们所过的平淡无奇的生活。

在择业之初，你就要明白，打工不仅仅是为了赚钱，更是为了发展，为了有一份属于自己的事业。如果一直很安逸，一直做着简单的、重复性的、机械的工作，那么你的想象力和创造力就会丧失。据说一个人三年不说话，就会变成哑巴，语言系统会自动丧失功能。所以，一个有思想、有目标的人，应该是头脑时刻清醒的人，不会被安逸的生活所俘虏。他清醒地知道自己的每一份工作是为以后更好的生活做准备，他的目的性会很强，不会得过且过。

已经解决了温饱问题的人，因为你已经不再为生计犯愁，也已经有了改变的资本。想想你安逸平顺的工作中潜伏着哪些危机吧。如果你的工作谁都能做，你只是比新来的人多几年资历而已，你再做几年还能有多大的收获呢?你的思维方式与常人有什么不同吗?与你和平相处几年的老板对你的去留有多关心呢?如果答案都是否定的，那么你的危机就很严重了。这时，你就应该做点自己想做的事情了，只有这样，你才能找到更广阔的空间!

2. 放纵欲望，只能是事与愿违

人不能无欲，无欲让人懈怠慵懒，不思进取。然而，人的欲望往往与满足有着不可逾越的沟坎，放纵欲望，没有节度，往往没有满足的一天。"养心莫善于寡欲。"减少一分欲望，也就减少一分累赘，减少一分愁苦，减少一分精神沉疴。与其跨前一步跌入无边无涯的欲海颠簸挣扎，莫如退后一步立于水湄看天高地阔。从凡尘俗间的喧嚣与琐屑中，腾出一片宁静澄明的空间，让心灵的寡欲之舟轻轻停泊，你就会体会到生命存在的真实价值和人生的真正富有。

在口头上，绝大多数人都希望自己的生活能够达到"简单并幸福着"的最佳状态，但是他们真能做到吗？毫无疑问，这是一个大大的疑问。为什么呢？因为大家都会被实实在在的生活压得喘不过气来，甚至头晕眼花。实际上绝大多数人不堪承受生命之重，因为他们被物质财富所驱使，被好房、名车、高收入、高开销等折磨得疲惫不堪。其实，物质财富并不像很多人想象的那样重要。事实上，有许许多多的人是在令人难以察觉的绝望状态下生活的。

其实回头看看，你们已经拥有了许多，为什么不微笑呢？

当你对薪水的多少感到很不满意的时候，不如想想你至少还拥有一份工作，比起很多失业的人来说，这已经是件幸运的事了。当你假日里没有条件去一个你向往已久的旅游胜地时，不如想想，"待在家里的乐趣也不少！"你可以遇到很多像这样的事，每次当你意识到自己又陷入"我希望生活能更好"之类的情绪时，请就此打住，重新开始。先深吸一口气，回想生活中仍有自己应该感激的事情。

当你能够不再妄想更多时，你就能珍惜你所拥有的一切，心里的不满与空虚就会随之消逝。只要你不再老抱怨自己还有很多东西没有得到，你的生活一定会其乐无穷。多注意自己所拥有的，别过分贪心妄想，你就会发现生活其实很美好。兴许，你会在生活中第一次感受到什么叫真正的幸福与满足。

有一个从事房地产工作的年轻人，经过几年的打拼，在本地已小有名气。他每天的生活就像上足劲儿的发条一样，被传真、资料、合同以及各种方案充塞得满满的。

一天，他加班到很晚。从公司出来后，走了很远的路也没有叫到车。走得热了，他停下来，解开领带，仰头出了口气。这时，他吃惊地看见星星在丝绒般的夜幕中闪烁着，洋溢着一种无言的美丽。犹如他大学毕业前的最后一晚，几个要好的同学躺在学校图书馆前的草坪上看到的那样。那一晚，他们深深为血脉中贲张的青春激动着，期待未知的前途像广袤的星空一样美丽灿烂。

从那以后，他几乎再也没有时间注视夜晚的星空了。因为从他走入社会，他一直保持着弯腰向前奔跑的姿势。他太忙了，欲望总在膨胀，目标总在前方，于是他不停地向前奔跑着……

每个夜晚的这个时刻，他多半在应酬或是在制作楼盘计划和方案，他从没有想过哪怕透过一扇小窗，去望望宁静的夜空，倾听心灵的一些细小的声音。

今天，当站在这静谧的星空下，他突然想起以前在大学看过一位日本餐饮业巨头总结的成功之道：在其连锁店中能提供给顾客的，永远是17cm厚的汉堡与4℃的可乐。研究人员发现，这会带给顾客最佳的口感。当然，你也可以选择把汉堡做成20cm厚，把可乐加热到10℃，但它们并不意味着最佳口感。

对于幸福，其实也只要"17cm和4℃"就够了。

有位著名的心理学家说："一个人体会幸福的感觉不仅与现实有关，还与自己的期望值紧密相连。如果期望值大于现实值，人们就会失望；反之，就会高兴。"的确，在同样的现实面前，由于每个人期望值不一样，心情、体会就会产生差异。

一只老猫见到一只小猫在追逐自己的尾巴，便问道："你为什么要追自己的尾巴呢？"小猫回答说："我听说，对于一只猫来说，最美好的便是幸福，而这个幸福就是我的尾巴。所以，我正在追逐它，一旦我捉住了我的尾巴，便得到幸福。"

老猫说："我的孩子，我也曾考虑过宇宙间的各种问题，我也曾认为幸福就是我的尾巴。但是，我现在已经发现，每当我追逐自己的尾巴时，它总是一躲再躲，而当我着手做自己的事情时，它却形影不离地伴随着我。"

同样的道理，在现实生活中，人们总是喜欢拼命地追求、索取，以为这样便可以得到幸福，殊不知，当你费尽心机地实现了这个目标，消除了一个烦恼，很快你又会有新的没有实现的目标，你又会有烦恼。如此反复，永无尽头。事实上，人们追求的东西往往是自己并不需要的。

其实，追求幸福最有效率的方法就是"降低你的欲望"。通过心理调节，使自己能够平静地对待目标，从而减轻或消除心理负担。欲望低了，心事少了，自然也就吃得下、睡得着了，幸福也就悄然而至。在世界上所有获得幸福的途径中，这种方法的投入产出比最高，它基本上不用你花一分钱，有时甚至能省钱。

一位智者说："人生不同的结果起源于不同的心态。"的确，假如世界变得灰暗，那是你自己心中不够灿烂。只要降低一分欲望，你便会得到一分幸福。

3. 负向思考是给自己找麻烦

金无足赤，人无完人。任何人都有缺点，任何人也都有可能存在负面脚本，自我完善的过程就是一个不断清除负面脚本的过程，负面脚本清除得越多，我们的人生也就越接近完美。

我们每一个人都存在负向思考，这也是为什么我们总是无法达到完美自我的原因。

举个最简单的例子，如果在一早上班时没有赶上公交车，也许就会有不少人抱怨：今天怎么这么倒霉？为什么我这么晚才到？为什么公交车不能晚走一会儿？负向思考常会这样为我们制造麻烦，如果这种负向思考经常出现，就会使我们渐渐形成一种负向的思考。

负向思考给人们带来的危害是巨大的，它的具体表现主要是以下几点。

第一，信念变薄弱。负向思考使人们意志力薄弱，容易被挫折和磨难压倒；在顺风顺水时迷失自己，抱着得过且过的生活态度，不求上进。

第二，目标变模糊。负向思考使人们变得目光短浅，做事没有计划，走一步算一步，常常摸着石头过河。

第三，境界降低。负向思考使人们只想到索取，不愿为别人付出，以自我为中心，把自己放在第一位，只想改变别人，不想改变自己，容易仇恨、敌视别人。

第四，决断力低。负向思考使人决定能力降低，优柔寡断，不敢迈出决定性的一步。容易犹犹豫豫，担心、恐惧，徘徊不前，不敢下决心，总是处于等待状态。

第五，生活失去热情。负向思考使人们变得冷漠、清高，不愿与人合作，害怕别人比自己强。

第六，解决问题态度消极。负向思考使人们遇到问题时常抱怨、指责、批评、推卸责任。

第七，思想保守。负向思考使人们循规蹈矩，故步自封，不敢越雷池半步。

第八，行为消极。负向思考使人们怕苦怕累，主观上无法接受挫折和失败，遇到困难就后退，认为任何事都很难成功。认为自己没有扭转局面的能力，从而使自己深陷消极之中，甚至一度无法自拔。

那么，我们应该如何分清正向思考与负向思考呢？

正向思考也称正面思考或是积极思考，是指以积极、正向的心态看待面临的种种状况。反之，负向思考是指以消极、负向的心态看待所处的种种情况。说到正向思考，人们通常会将其与一切具有积极意义的词语联系在一起，而将负向思考同一切消极意义的词语相等同。其中最容易被人们混淆的就是悲观与乐观。

乐观就是正向思考，悲观就是负向思考，很多人都会很自然地将它们如此归类。粗略看来，这样的划分好像并没有什么问题，但是实际上，这却是一种错误的划分。乐观的生活态度固然是一种正向思考的结果，但是乐观也有可能造成负面结果，那就是乐观过度，正所谓乐极生悲，过犹不及。同样，悲观过度会使人产生忧患意识，所谓"庸人自扰之"。可见过度乐观和过于悲观都会导致问题严重化，都是一种负向思考。

正向思考与负向思考的区别是结果的正确与错误。只要一种思考可以使结果朝向正向思考，那么悲观者也可以是正向思考者，他们也可能取得成功、抗击挫折。只要他们拥有解决问题的决心和方法，就一样可以使结果朝好的方向发展。有些悲观者往往还拥有更强的忧患意识，这一点在顺境中更容易体现，他们会想到最坏的情况，但是会向最好的方向去努力，从而始终保持良好的状态，因此这样的悲观者拥有的也同样是正向思考。

但是不可否认的是，一个性格乐观的人容易做出正向思考，而一个性格悲观的人则容易做出负向思考，这是一个不争的事实。

《哈佛商业评论》上曾指出："越来越多的实证显示，不论是儿童、集中营的幸存者，或是东山再起的公司，正向思考的复原力是可以学习的。"任何一个人都具备正向思考的能力，即便是一个思维负面化的人，经过训练也能学会正向思考。这种训练的本质其实就是在思考路径中加入两个重要的步骤，即反驳和激励。经由这样的刺激和反抗，负面思想才会逐渐向正面转化。

反驳是指对负面脚本、负面决策进行反驳，而激励是指强化反驳的能量，加深反驳的方向。如果你发现自己的思想中出现了负面的东西，就可以借由这两个步骤来改变自己的思路方向，经过练习使负面抱怨转化为正面感激，提高正向能量。

在日常生活中我们可以通过以下几个步骤来剔除自己的"负面脚本"。

(1) 实时反驳自己的负向思考

以未赶上公交车为例，如果你的大脑正在做负向思考，就会发出一系列负面信号，这时你就要对这些负面信号进行反驳，提醒自己必须积极起来，然后去想其他的解决办法，如改坐出租车等。

(2) 实时激励自己

当你通过反驳阻止了负向思考的蔓延，你还要为这种反驳提供持续的力量，这就是激励，激励自己朝着积极的方向思考，你的正向思考就会更坚实。

(3) 意识到不良意志和品质的危害

懒惰、拖延、盲从、怯懦、冲动和优柔寡断等都是失败的祸根，是形成负面脚本的根源，我们要认识到这些因素的害处，并及时改正它们。

(4) 反复练习

从战胜一次负向思考开始，用结果验证思想，进行反复练习，只要有负向思考出现，无论大事小事，都要认真对待。通过不断地联系，使自己形成正向思考。

（5）坦然接受不能改变的

现实中缺陷总会存在，一帆风顺和完美无缺的人生几乎不存在，坦然接受生活中的缺陷，不要躲避，不要侥幸逃离。

（6）勇敢迎接挫折

直面挫折或是失败，从中发现自己的不足和缺点，并抱着积极的心态寻找解决的办法。

（7）相信自己的价值

不过分苛求自己，不在无意义的事情上花费时间，找到自己的方向，并坚持不懈地走下去。

（8）提高解决问题的能力

任何事情都有解决的方法，通过运用逆向思维、发散思维等提高自己解决问题的能力。

4. 虚荣是注定破碎的泡沫

虚荣心是使一个人走向歧途的兴奋剂。它可以使人失去理智，甚至招致终身的遗憾。虚荣虽然可使人得到一时的满足，暂时填补一下内心的空虚，但它必将成为一个沉重的担子，压在你肩上使你提心吊胆。

记得央视春节联欢晚会节目中有这样一个小品——《有事您说话》。小品中主人公为了表现自己比别人强、有本事，就口出诳语，说自己有办法买火车票，于是别人托他买火车票，为了证明自己有办法，只好夜里排队去买票，结果使自己狼狈不堪。这就是虚荣的典型表现，它所带来的痛苦和麻烦都是自找的。

虚荣心是指用虚假的方式来保护自尊的心理状态，是对荣誉的一种过分追求，是一种不良的消极情绪，甚至有人说虚荣心是人类历史上最类似于艾滋病的痼疾。如果不能很好地控制这种消极情绪，它对我们的生活是有很大的危害的。

"虚荣促使我们装扮成不是我们本来的面目以赢得别人的赞许，虚伪却鼓动我们把我们的罪恶用美德的外表掩盖起来，企图避免别人的责备。"这是菲尔丁对虚荣和虚伪的评价。

几个小泥人在一起聊天，忽然其中一个小泥人指着不远处的小河说："如果谁能够走过前面那条小河到达对岸，我就拜它为师。"其他小泥人异口同声地说："泥人是不可能过河的，你不要做梦了。"

正当大家议论纷纷的时候，一个矮小的泥人想："这是一个可以让同伴刮目相看的机会啊！"便站出来说："哼，你们都是胆小鬼，看我的吧。"说着就向河边走去，同伴们极力地劝阻它说："别去，泥人是过不了河的！"

但这个小泥人的心早已飘到了河对岸，它又高兴又激动，心想："等我到了对岸，你们该多么羡慕我呀！"于是，他头也不回地说："我是最勇敢的，你就等着拜我为师吧！"

来到了河边，看着浪花拍打的岸边，它犹豫了："我实在是太渺小了。"但是，它又想到了自己如果这个时候回去，肯定会被同伴嘲笑的。于是，它把眼睛一闭，纵身跃入水中。毫无疑问，它被淹没在河水之中了。

　　小泥人为了满足虚荣心而去出风头，为了证明自己的勇敢和别人的怯懦，不惜一切代价去过河，结果葬身河水，实在是可怜又可悲。这是对自己缺乏认知的结果，如果它能够认识到自己是个泥人，而泥人最大的弱点就是见了水就要化，也许它就不会不顾同伴的劝阻，盲目地跳进致命的河里了。

　　每个人其实也都像寓言中的小泥人一样，难免都会有一点儿虚荣心，都渴望受到别人的尊重和崇拜。但如果能将内心的虚荣情绪转化为前进的动力，也是不错的。但虚荣心强的人往往都不愿脚踏实地去做事，过分爱慕虚荣爱出风头，这是一种顾盼自恋的"孔雀心态"。他们在物质上讲排场、搞攀比；在社交上好出风头，为了追求一种暂时的、表面的、虚假的效果，甚至弄虚作假，欺诈骗取，最终只能让自己得不偿失。

　　虚荣是毁容的化妆品，它能让人变得丑恶，让人的心灵扭曲。所以，我们要积极防止或克服虚荣心的膨胀。

　　防止或克服虚荣心可从以下几个方面做起。

　　第一，认识虚荣的后果。虚荣心过强，就容易产生可怕的动机，出现失去理智的行为。实际上，有些人犯的错误与其自身的虚荣心就有着一定的联系。虚荣虽然可使人得到一时的满足，暂时填补一下内心的空虚，但它必将成为一个沉重的包袱压在你身上，使你提心吊胆。因为它毕竟是虚假的，总有一天会露出马脚，反而会使自己声名狼藉，无法下台。正如生理学家巴甫洛夫所告诫我们的："永远不要企图掩饰自己知识上的缺陷，即使用最大胆的推测和假设去掩饰，这也是要不得的。不论这种肥皂泡的色彩多么使你炫目，但肥皂泡必然是要破裂的。于是你们除了惭愧之外，是毫无所得的。"

　　第二，正视客观现实，有自知之明。尺有所短，寸有所长，每个人都有其优势与劣势、长处与短处，做任何事、追求任何目标，都要看清自身所具备的主客观条件。不可强求的事情就应主动放弃。

　　第三，有自己的思想，不被舆论左右。我们生活在群体之中，总免不了别人的评头论足。但对于舆论，我们要提高辨别是非的能力，对于正确的应当接受，对于不正确的要给予纠正或分析判断，绝不可凡事人云亦云，被舆论左右。

5. 背靠大树，大树迟早会倒

　　"背靠大树好乘凉"是比较惬意的事情，因为一切都有大树来承担。可是，总是依靠别人，真的好吗？的确，对于乘凉的人来说，这是非常幸福的一件事。可从另一方面来说，倘若大树倒了，我们又该怎么办呢？

　　一位拳击高手败给对手后，愤愤不平地找到师父，要求师父帮助自己找出对方招式中的破绽。师父却笑而不语，在地上画了一条线，要他在不擦掉这条线任何一部分的前提下，使这条线变短。拳击高手不得其解，向师父请教。师父在原先那条线旁，又画了一条更长的线，这样一来，原来那条线看起来就变得短了许多。师父说："如何使自己变得更强，才是你的取胜之道。"

　　一个人活在世上，既不能像春天的蚯蚓、秋天的蛇一样软骨头，也不能像风雨中的落花柳絮，找不到根基，而是要自立自强。
　　自立自强是打开成功之门的钥匙，也是成长力量的源泉。力量是每一个志存高远者的目标，而模仿和依靠他人只会导致懦弱与屈服。力量是自发的，不依赖他人。坐在健身房里让别人替我们练习，是无法增强我们自身的肌肉力量的。没有什么比依靠他人的习惯更能破坏独立自主的能力。如果你依靠他人，你将永远坚强不起来，也不会有独创力。做人，要么独立自主，要么埋葬雄心壮志，一辈子老老实实做个普通人。

小仲马自幼喜爱写作，但是在最开始阶段，他的稿子总是会被编辑无情地退回。他的父亲大仲马得知后，便好心地对小仲马说："如果你能在寄稿时，随稿给编辑先生们附上一封短信，说'我是大仲马的儿子'，或许情况就会好多了。"小仲马说："不，我不想坐在您肩头上摘苹果，那样摘来的苹果没有味道。"

年轻的小仲马不但拒绝以父亲的盛名做自己事业的敲门砖，而且不露声色地给自己取了十几个其他姓氏的笔名，以避免那些编辑先生们把他和大名鼎鼎的大仲马联系起来。

面对一张张退稿笺，小仲马没有沮丧，仍在不露声色地坚持创作自己的作品。他的长篇小说《茶花女》寄出后，终于以绝妙的构思和精彩的文笔震撼了一位资深编辑。这位知名编辑曾和大仲马有着多年的书信来往，他看到寄稿人的地址同大仲马的丝毫不差，怀疑是大仲马另取的笔名，但作品的风格却和大仲马的迥然不同。带着这种兴奋和疑问，他乘车造访了大仲马家。

令他吃惊的是，《茶花女》这部伟大作品的作者竟是大仲马名不见经传的儿子小仲马。"您为何不在稿子上署上您的真实姓名呢？"老编辑疑惑地问小仲马。小仲马说："我只想拥有真实的高度。"老编辑因此对小仲马的独立自强赞叹不已。

《茶花女》出版后，法国文坛书评家一致认为这部作品的价值大大超越了大仲马的代表作《基督山伯爵》。小仲马一时声名鹊起。

倘若小仲马一开始就依赖父亲，或许不会取得如此大的成就。一个人适当依靠父母，乃是成长的必需，但如果事事依赖，时时依赖，丧失了进取的积极性，过着"衣来伸手，饭来张口"的生活，这就是严重的缺点了。

有这样一个青年，一个人出来闯世界，在别人眼中似乎是很独立、很有主见的人，可实际上，他之所以出来，是因为别人叫他出来。出来之后，当然得找工作，可他根本不会自己去找，而总希望由别人带着去。别人带着去当然可以，可是别人总不能一直带着他，一旦没有人管他，他就不知所措，一筹莫展。

这个青年后来总算找到了工作，是给一个摆服装摊儿的老板做跟班。带他出来的人很奇怪，怎么做起了人家的跟班，不是有很多合适的工作可以挑选吗？他说，什么工作都得他去动脑筋、主动去做，他最怕这个。他宁愿做人家的跟班，人家叫他做什么，他就做什么。

结果可想而知，他不可能创造出自己的事业。

有依赖心理的人，遇事首先想到别人、追随别人、求助别人。人云亦云、亦步亦趋，不相信自己，也不能决断。在家中依赖父母，在外面依赖同事、上司；不敢自己创造，不敢表现自己，害怕独立。这属于人格的不成熟、不健全心理，仍然停留在童稚阶段。

有依赖心理的人，很难独立地做成事情。当然也就谈不上操纵和把握自己的命运，他的命运只能被别人操纵。只有在他具有利用价值时，人家才会利用他。反之，人家就会把他抛开。因为有依赖心的人太软弱无能，他们只能相信别人，所以不自信，更没有信心胜于别人。

《周易》中说："天行健，君子以自强不息；地势坤，君子以厚德载物。"自强是什么？是奋发向上、锐意进取，是对美好未来的无限憧憬和不懈追求。自强者的精神之所以可贵，正是因为他依靠的是自己的顽强拼搏而非其他人的荫庇；正是因为他拒绝了别人的搀扶，选择走自己的路！

靠别人安身立命是没有出息的。常言道：庭院里练不出千里马，花盆里长不出万年松。安逸的生活谁都向往，但困难却是人生不可避免的内容。人们常说，有苦才有乐。自己通过努力得来的一切，虽然其中可能饱经风霜，但是奋斗过程中所获得的对人生的感悟是弥足珍贵的，哪怕只是微小的收获，也会带来极大的成就感。

俗话说：天上下雨地上滑，自己跌倒自己爬。锻炼意志和力量，需要的是像小仲马那样的自主自立精神，而不是来自他人的影响力，更不能依赖他人。

漫漫人生路要靠自己去走，有一首《自立立人歌》说得好："滴自己的汗，吃自己的饭，自己的事自己干。靠人、靠天、靠祖上，不算是好汉。"要做一个"好汉"，就要靠自己的双腿走出人生之路，靠自己的双手创造出美好的新生活，切不可靠他人来为自己造福。

6. 好逸恶劳乃万恶之源

成长离不开勤奋，而懒惰、好逸恶劳乃是万恶之源。懒惰会吞噬一个人的心灵，可以轻而易举地毁掉一个人，乃至一个民族。

亚历山大征服波斯人之前，有幸目睹了这个民族的生活方式。亚历山大注意到，波斯人的生活十分腐朽，他们厌恶辛苦劳作，只想舒适地享受一切。亚历山大不禁感慨道："没有什么东西比懒惰和贪图享受更容易使一个民族奴颜婢膝的了，也没有什么比辛勤劳动的人们更高尚的了。"

有一位外国人周游世界，见多识广，对生活在不同地方、不同国家的人有相当深刻的了解。当有人问他不同民族的最大的共同点是什么，或者说最大的特点是什么时，这位外国人回答道："好逸恶劳乃是人类最大的通病。"

生性懒惰的人不可能成为一个成功者，成功只会垂青那些辛勤劳动的人们。

有些人终日游手好闲、无所事事，无论干什么都舍不得花力气、下功夫。但他们总是思考着不劳而获、占有别人的劳动成果，他们的脑子一刻也没有停止谋划，他们一天到晚都在盘算着掠夺别人的东西。正如肥沃的稻田不生长稻子就必然长满茂盛的杂草一样，那些好逸恶劳者的脑子里就长满了各种各样的"思想杂草"。懒惰这个恶魔总是在黑夜中出现，它直视那些头脑中长满了这些"思想杂草"的懦夫，并不时地折磨他们、戏弄他们。

想要成功，勤奋是关键。只有无止境地追寻，才能到达成功的理想境界，领略无限风光。

著名数学家华罗庚在小学读书时，因为成绩不好，没能获得毕业证书。他认识到自己天资较差，就加倍努力学习，最终依靠勤奋登上数学的高峰。

梅兰芳幼时曾拜一位老艺人为师，学唱京剧。老艺人教了他一些动作，特别是教他如何用眼神表达心理活动。可是梅兰芳怎么也学不会，眼球不听使唤，目光也缺乏生气。老艺人说梅兰芳长了一双"死鱼眼睛"，没有培养价值。但梅兰芳并没有因此而气馁，他坚持苦练眼神，每天仰望蓝天，追逐鸽子的走向，又俯视水中的金鱼。经过长期锻炼，他的眼睛转动自如，如流星，似闪电。

法国有个叫卡尔·威特的人。孩提时，邻居们都在背后说他是个白痴。他父亲也伤心地说："上天为什么给了我这个傻孩子？"尽管如此，父亲还是耐心地教他说话、认字，用大自然的动植物启迪他的智慧。结果，他9岁考入莱比锡大学，14岁发表数学论文，被授予博士学位，16岁被聘为柏林大学教授。

捷克大教育家夸美纽斯说："勤奋可以克服一切障碍。"只要勤奋努力，就能战胜遗传的缺陷，克服自身的弱点。天资聪敏者的优势，往往只在某个方面。而所谓素质差，也仅仅是指某个方面。只要能勤奋努力地进行反复训练，就一定能消除这方面的差距，从而有所作为。

美国哈佛大学一位心理学教授指出：一个人在一生当中能否获得成功，智商的高低并不是决定性的因素。许多事实已经证明，不少获得重大成就的人，智商其实并不高。他们的成功，主要靠后天的勤奋努力。爱因斯坦说："天才和勤奋之间，我毫不迟疑地选择勤奋，它几乎是世界上一切成就的催产婆。"这句话，应当成为我们每个年轻人的座右铭。

　　人都有惰性。躺在暖洋洋的阳光下不愿起来，坐在树荫下聊天不愿工作，或沉迷于娱乐厅中流连忘返，致使本应该做的事情没有完成，也使本应成功的人平平淡淡。罪魁祸首，就是懒惰。懒惰是一种习惯，是人们长期养成的一种恶习。这种恶习只会让人躺在原地，而不是奋勇前进。因此，要想取得一定的成就，就要改掉这种恶习。

　　一些游手好闲、不愿吃苦耐劳的人，总是有各种漂亮的借口。他们不愿意好好地工作、劳动，因而常常会想出各种理由来为自己辩解。确实，一心想拥有某种东西，却害怕或不愿意付出相应的劳动，这是懦夫的表现。人们只有付出相应的劳动和汗水，才能懂得那些美好的东西是多么来之不易，才能愈加珍惜它。即使是一份悠闲，如果不是通过自己的努力而得来的，这份悠闲也就并不甜美。不是用自己的劳动和汗水换来的东西，我们就体会不到那份成就感所带来的美好。

　　辛勤的劳动是成功的阶梯，勤劳的习惯是成功的动力。那些形成了工作习惯的人总是闲不住，懒惰对他们来说是无法忍受的痛苦。即使由于情势所迫，他们不得不终止自己早已习惯了的工作，他们也会立即去从事其他工作。那些勤劳的人们总是很快就会投入新的生活方式中去，并用自己勤劳的双手寻找、挖掘出生活中的幸福与快乐。年轻人要享受成功的幸福和收获的快乐，首先得养成勤劳的习惯，并付出自己的辛劳和汗水。

　　即使天生愚钝，只要笨鸟先飞，真诚地投入事业中去，也能创造出人间奇迹。

7. 要敢于冒险，天上是不会掉馅饼的

看看自己周围的人，我们会发现一个现象：很多成功的人拥有的知识并不多，也没上过大学，而且他们好像也不是特别聪明，但他们却拥有很多财富。这是为什么呢？究其原因，有一点很突出，那就是这些人做事很有胆量，他们知道个人成长需要一点儿冒险精神。

人生一世，处处都存在着风险。过马路时，不能百分百地保证不出事；坐飞机时，不能百分百地保证飞机不会掉下来；结婚时，不能保证配偶会永远爱自己；生养一个孩子，也无法保证这孩子将来会有出息并且孝顺。但我们还是要过马路、坐飞机、结婚、生孩子，因为我们知道，我们应该承担这些合理的风险。

在成长过程中，我们必须要有敢于承担一定风险的胆量，否则很难有所成就。生活中我们可以看到，许多人就是因为缺乏胆量而丧失掉了很多机会。

一位毕业于某名牌大学机械系的大学生，毕业后被分配到某个省级纺织研究所工作。他的学问很好，人也很聪明，亲自主持完成了好几个大项目。由于工作的关系，他经常接触到一些私营企业的老板，这些老板们都敬佩他技术高超，愿意出高薪聘请他做技术主管。但他担心这样的工作不稳定，就一一推辞了。

十多年过去了，由于体制改革与变化，他的铁饭碗没了。这时他才无奈地进入一家私营企业。这一去，不到三年的时间，他便买了新房，开上了汽车。而那个私营企业也在他的帮助下，推出了好几个新的项目，由一

个无名的个体企业，一跃成为显赫一方的大企业。他感慨地说："我现在一年挣的钱比过去十年加起来的还要多，我真不明白那时候为什么没胆量早点出来做事。"

由上述例子可以看出，没有胆量做事，不仅会浪费一个人的生命，也会浪费他为社会创造价值的机会。

做事有胆量和敢于冒合理风险的原则要深入到你的头脑里。在思考一件事时，一般预估有七成把握，就应该下定决心去做。你不可能计算到有十分把握或九分把握才去做事情，因为任何一件事，若你计算到九分把握才去做时，往往已经太晚，机会已不存在了。

俗话说，成功是勇敢者的战利品。在成长过程中，你当然有为前途忧心的权利，但是千万别因为一时的害怕而停下了脚步，裹足不前只会让你错失良机。

莎士比亚在历史剧《理查二世》里写道："畏惧敌人徒然沮丧了自己的勇气，也就是削弱自己的力量，增加敌人的声势，等于让自己的愚蠢攻击自己。"

害怕是一盏警灯，它会提醒你前有险阻，但这并不表示你不能安然通过，只要谨慎小心，一样可以克服困难。挫折险阻并不可怕，涉足险境而不自知，那才是最可怕的。

1944年，艾森豪威尔指挥的英美联军正准备横渡英吉利海峡，在法国诺曼底登陆，揭开对德战争的一个新阶段。

这次的登陆事关重大，英国和美国合作无间，为这场战役投入了巨大的人力和物力。然而人算不如天算，就在一切准备就绪、蓄势待发的时候，英吉利海峡却突然风云突变、巨浪翻天，数千艘船舰只好退回海湾，等待海上恢复平静。数十万名军人被困在岸上，进退两难。

正当艾森豪威尔总司令苦思对策时，气象专家送来最新的报告，资料中显示天气即将好转，狂风暴雨将在三个小时之后停止。艾森豪威尔明白这是千载难逢的好机会，可以攻敌不备，只是这当中也暗藏危机，万一气候不如预期中这么快好转，很可能就全军覆没。

艾森豪威尔经过慎重的考虑之后，在日志中写下："我决定在此时此地发动进攻，是根据所得到的最好的情报做出的决定……如果事后有人谴责这次的行动或追究责任，那么，一切责任应该由我一个人承担。"然后，他斩钉截铁地向陆海空三军下达了横渡英吉利海峡的命令。

艾森豪威尔受到了幸运之神的眷顾，倾盆大雨果然在三个小时后停止，海上恢复了风平浪静。英美联军终于顺利地登上诺曼底，掌握了这场战争取胜的关键。

在人生的道路上，我们必须有勇于行动、一心奔赴目标、不墨守成规的智慧和勇气，这样才能战胜困难，取得成功。

美国最伟大的推销员之一弗兰克说："如果你是懦夫，那你就是自己最大的敌人；如果你是勇士，那你就是自己最好的朋友。"对于胆怯而又犹豫不决的人来说，一切都是不可能的，他总是会被各种各样的恐惧、忧虑包围着，看不到前面的路，更看不到前方的风景。正如法国著名文学家蒙田所说："谁害怕受苦，谁就已经因为害怕而在受苦了。"

美国的克里蒙·斯通是个穷人家的孩子，他与母亲相依为命。小斯通十多岁时，就跟着母亲为保险公司推销保险。斯通始终清醒地记得他第一次推销保险时的情形——他的母亲指导他去一栋大楼，从头到尾向他交代了个遍。但是，他犯怵了。

他站在那栋大楼外的人行道上，一面发抖，一面默默念着自己信奉的座右铭："如果你做了，没有损失，还可能有大收获，那就下手去做。"

"马上就做！"他鼓励着自己。

他走进大楼，很害怕会被踢出来。但他没有被踢出来，每一间办公室他都去了。他脑海里一直想着那句话："马上就做！"走出一间办公室，他便担心到下一间会碰钉子。不过，他还是毫不犹豫地强迫自己走进下一间办公室。

这次推销成功了。他找到了一个秘诀，那就是：立刻冲进下一间办公室，这样才没有时间因害怕而犹豫。

那天，只有两个人向他买了保险。以推销数量来说，他是失败的，但在了解自己和提高推销术方面，他的收获是很大的。第二天，他卖出了四份保险。第三天，他卖出了六份。他的事业开始了。

没有人能够完全摆脱怯懦和畏惧，最幸运的人有时也不免有懦弱胆小、畏惧不前的心理状态。但如果使它成为一种习惯，它就会成为情绪上的一种疾病。它使人过于谨慎、小心翼翼、多虑、犹豫不决，在心中还没有确定目标之时就感到恐惧，在稍有挫折时便退缩不前，因而影响自我目标的完成。

怯懦者总是不敢大胆地去做一些事情，逐渐形成低估自己的能力、夸大自己的弱点的习惯，再没有信心去处理本来能够处理好的事情。那么该如何克服怯懦这一性格缺陷呢？

(1) 要学会自我暗示

怯懦性格者的最大弱点是过于害怕和畏惧，要克服这一弱点，就要借助气势的激励。对性格怯懦的人来说，要学会用自我打气、自我鼓励、自我暗示等方法来培养自己无所畏惧的气势。要善于发现和肯定自己的长处与成绩，提高对自我的评价和自信心。

(2) 要有意识地锻炼意志品质

在生活中有许多事情可以锻炼我们的意志品质。比如，制订了终身学习计划，就一定要坚持进行，每天晚睡10分钟读一读书，长久下来定会有不小的收获。

克服恐惧看起来非常困难，但改变却在一念之间。其实，生活中有很多恐惧和担心完全是由我们想象出来的，因此必须在潜意识里将其彻底根除。

即使刚开始时很困难，但只要咬紧牙关，慢慢深入下去，你就会发现，其实事情并不像你想象的那样艰难。只要成功了几次，你的勇气和自信心一定会得到增强。

（3）行动是消除怯懦的好办法

怯懦是弱者的劲敌，少一些怯懦，就会多一些前程。而消除怯懦的最佳办法就是行动、行动、再行动。如果你想成为一个成功的人，在困难面前，怯懦是没有用的。只有不畏挫折和失败，不怕别人讥笑，坚持不懈，你才能不断体验到奋斗的乐趣和成功的快乐。

（4）敢于尝试会赢得成功机会

莎士比亚说："本来无望的事，大胆尝试，往往能成功。"大胆尝试常常会带给你更多的机会。许多人之所以怯懦，无非就是怕失败。但越怕就越不敢行动，越不敢行动就越怕，一旦陷入这种恶性循环之中，怯懦不免就加深了。应该懂得：越是感到怯懦的事越要大胆去做，只有大胆去做，你才能战胜自己的怯懦。

才智与勇气是成功的两个要件，缺一不可，想要取得成功，必须两者兼备。有了智谋还要加上冒险的勇气，彻底实践才可能使美梦成真。要想比人早一步成功，就要比人早一步去冒险。

第三章

别问为什么吃亏——职场要功劳不要苦劳

职场非常现实，也非常残酷，它只崇尚成功。当你默默无闻地做着普通的工作时，不会有任何人对你投来关注的目光，没有人喜欢跟不求上进的人建立友谊，也没有人愿意替失意者承担他们的不良情绪。

不管是老板，还是员工，别人只希望看到，你斗志昂扬、精神百倍、有充沛的精力迎接任何挑战，这样，别人才会乐于帮助你。

1. 沟通能力，决定你的职场地位

很多年轻人学历很高，能力出众，但他们天真地认为，我不擅长交际，也没必要与人沟通，我做好自己的工作就行了，说那么多话干什么，甚至将沟通与溜须拍马、阿谀奉承联系起来。混迹职场，我们不可能不说话，没有人愿意和一个"闷葫芦"交往，那种认为沉默是金的人，别人可能连和他搭话的兴趣都没有。即使你是个天才，你也得说出来，才能让人家知道你的才华。如果不想在公司里被人当成"透明人"，就不要默默地等着同事来关心你的工作，领导来关注你的才华。职场上，除了埋头工作之外，你还得经常抬头看看，主动和同事及上司沟通，让大家知道你在干什么，干到什么程度了，有什么经验分享给大家。这样不仅可以避免做很多的无用功，而且可以做到事半功倍。从某种程度上说，沟通能力决定了你的升迁能力。

比如说，聪明的员工在讲到自己的成绩时，不管孤军奋战的他为了完成这个工作付出了多少心血，他必然会对上司说这样的话："在领导的指导下，在大家的帮助下……"这段话虽然没有什么实际意义，谁也不会因为这两句话，就真的认为你的"功劳"和他们有关，但这是你对领导的尊重，对同事的看重，表现出了你的团队协作能力。听到这样的话，领导会放心地让你带个团队，同事也会放心地加入你的团队。

再比如说，领导交派工作了，沉默寡言的员工会回答一声"好的"，然后转身出门，而聪明的员工则会热情地回应："我立刻去办。"这句话可能会让人觉得有拍马屁的嫌疑，但它的实际意义却是：我对这个工作非常看重，我会立即行动起来。这能够使吩咐你去办事的上司觉得他无须再为此事忧心，因为你很快就会为他搞定。但是，如果你的回答只是淡淡一声"好的"，好像你并没有把工作放在心上一样，那你的老板即使把事情交给你办，也会放心不下。

如果你只是埋头干活儿，而并不打算和人谈谈你干的活儿，时间一长，不管是领导还是同事，都会产生这样的疑问：你一声不吭的，谁也不知道你干了什么，能干什么，留在公司还有什么价值呢？你不主动出击，就只能被人忘记。所以，不要忘记与同事、与上司甚至与你的客户多谈谈你的工作，让他们知道你也是有想法、有能力的，时间长了，你的职场形象就会大为改观。

中国人的哲学就是崇尚低调，然而，在职场上，太过低调会对个人的发展形成障碍。野心其实也是一种自我鼓励的力量，对权力的向往并不是坏事，要想在职场引起他人的注意，除了具备工作能力外，还要具有优秀的沟通能力，能够巧妙地展现闪光点，勇于把握机会，让大家知道你的优势，并帮助你发挥你的优势。

小梅学历不高，找工作时费了不少功夫，后来进了一家私企从事库房整理工作，主要负责把公司的材料库、原料库、工模具库等管理好。每天来调换设备的人很多，工作繁杂，小梅工作得十分辛苦，工作得到了公司很多人的肯定，但领导好像完全没有意识到她的重要性，连句表扬的话都没有。

过了几个月，公司为了提高运作效率，将财务处和库房设在一起办公，那样小梅不仅要管物料，还要管现金。管资金的会计把所有的事情都交给她来做，由于增加了不少的工作量，她经常要加班，即使加班，有时还不一定能完成工作。小梅思来想去，觉得必须要找领导谈谈了，但是，她又有点担心：如果找领导谈，领导会不会认为我挑剔工作，对我印象不好呢？

经过一番思量，小梅还是去找领导了，她以请教的口气去找领导，先向领导汇报说自己刚取得了中级会计证书，完全可以胜任目前的工作，感谢领导给了自己这个工作的机会，并趁这个机会，向领导陈述了自己工作的难处，如果能多给自己配备几个人手的话，自己一定能把工作做得更好。

领导笑道："我还没有去找你呢，你倒找上我了。你的工作很出色，我们都是看在眼里的，本来打算给你再招两个人，还没来得及打广告，而且，还担心你愿意不愿意做这个工作呢。现在，既然你这么主动，看来你对工作还是很有积极性的嘛，这我就放心了，不如这两个人就由你来招吧。这可是在为你配备人手哦。"小梅知道，上司的意思是让她做部门主任，不由得欣喜若狂。

在"长江后浪推前浪"的职场中，想要埋没一个人的才华是很简单的，如果得不到你的上一级主管的青睐，无论你有多么出色的能力，也不会被提升。"好酒不怕巷子深"的古训在现代社会已经不适用了，如果你不愿意"走出去"，总是等着别人来找你，那很有可能就是一直处在等待的状态。通过沟通才能使你的上司了解你的工作能力、应变能力与决策能力。如果这些都能给他留下深刻的印象，那么就可以成为你日后提升的考量依据。

只要你有心，和上司沟通的机会是非常多的，每一次沟通都是一次良好的机会，比如说你们在电梯、餐厅偶遇时，你可以趁机向他汇报一下自己目前的状态如何、取得的进展和遇到的困难，等等。或者只是拉一些家常，夸奖一下他的孩子或者衣服品位，汇报一下自己目前正在进行的工作等。如果时间允许，再进一步详细说明工作过程。若这些机会都等不到，也不能自怨自艾，机会是可以自己创造的，还可以在工作会议上，或者直接到上司办公室去找他谈谈，特别要使上司认识到，你的所作所为都是出于把工作做好的目的，是为公司设身处地着想的。因为

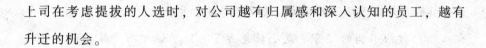

上司在考虑提拔的人选时，对公司越有归属感和深入认知的员工，越有升迁的机会。

2. 别不好意思，学着和上司一起成长

作为员工，能被上司赏识，得到上司的器重，进而成为上司的"左膀右臂"，或许是每个员工内心最渴望的事情之一。身在职场，直接影响我们前途的人自然是我们的顶头上司。他们直接掌控了我们的工作，决定着我们的升迁，甚至影响到我们的工作氛围和心情。可以毫不夸张地说，同上司关系的好坏直接决定了你在职场中的前途是否平坦。

那么，要怎么样才能得到上司的赏识呢？用通俗的话来说吧，上司最乐意提拔的是他"喜欢"的人。试想，如果两个人能力相等、资历相当，同时竞争一个职位，一个整天板着脸，说话爱挑刺，一个天天笑呵呵，每句话都能说得人暖洋洋的，那上司愿意选谁？不言而喻吧，谁也不愿意和一个自己看了就不舒服的人共事。

小杜是通过校园招聘进入一家公司的。他的能力一般，也没有什么特长，在实习期结束之后，没有部门愿意要他，于是，他进了公司办公室做了一个打字员，在这家人才济济的大型企业，小杜实在太不起眼了。

但是，小杜有一个优点，就是手脚特别勤快，虽然公司有专门的清洁员，不需要他动手，他还是每天动手把办公室打扫得干干净净，特别是他的顶头上司王经理的办公室更是打扫得一尘不染。清洁工一般只拖拖地，

而小杜则每天把王经理的桌子、椅子都擦得干干净净。经理办公室里有个大书橱，打扫书橱的任务也是小杜包办了。他不但把书橱收拾得非常干净，还定期擦里面的书。

时间长了，王经理和小杜越来越熟悉了，小杜也渐渐了解了王经理的爱好、脾性。王经理爱喝咖啡，小杜总是事先把他的咖啡壶清洗好，并放进咖啡粉，等王经理来了，就可以直接煮了。有时候王经理加班，小杜也总是主动留下来帮忙，虽然他能做的不过是打字、查找文件、倒茶之类的琐碎事情，但王经理感到这小伙子特别能干，对他越来越喜欢。

在以后的日子里，王经理已经完全习惯了小杜的"服务"，以至于有什么事情，他都交给小杜去处理。不到三年的时间，王经理升任公司的部门总监，而小杜就是他第一个提拔的下属——行政总管。

为什么小杜的升职如此迅速？很简单，能得到上司欢心的人肯定机会比别人多得多，毕竟与其和一个陌生人共事，还不如用一个秉性为自己熟知的老员工。所以，无论你面对的是什么类型的老板，你都要花心思主动去了解，跟上司保持步调一致，用心去观察，有的放矢，争取得到上司的赏识。

要让上司喜欢你，不一定非得溜须拍马。让上司欣赏你的途径很多：出色地完成了公司交派的任务，上司当然会高兴；在工作中以身作则，维护民心，上司也会视你如自己人；好学上进，学到新的职业技能，上司也会满意；当然了，能喝酒，精通"酒桌文化"，能将上司"陪"好，这也算是有本事……就看你采取什么方式了。

对很多职场人来说，总有一个错觉，就是认为自己是靠本事拿工资，不需要看任何人的脸色，因此也不屑于和领导打交道。实际上，上司和下属交往，属于正常的人际交往，不必担心别人的议论而躲避顶头上司。但是，每个上司都不一样，有的人能力强而脾气差；有的性格随和但对工作要求严格；有的性格耿直不好相处，林林总总，不一而足。但是，无论你面对的是什么类型的老板，你都要用心去观察，有的放矢，争取得到他的"欢心"。

周新原本是个技术人员，在原来的部门，周新堪称技术方面的中流砥柱，各方面对他都比较倚重。但是，他在这家公司干了几年，基本还是原地踏步。为自己的前途着想，周新去了一家规模不大的IT企业，任副总经理。

来到新岗位，周新觉得不大适应，以前是单纯做技术，不用考虑人际关系什么的，而现在主要是从事管理工作，经常要为资源调配、人员调整方面的事伤神。更头疼的是，公司是家族企业，总经理很年轻，从各方面来说都不如他，还总用命令的口气让他干这干那。虽然这一切都让他十分窝火，可是为了本部门的工作尽快正常运转起来，周新还是尽心竭力地帮助他。

经过周新的努力，公司的业务大有起色，但上司对他的戒心也越来越重，只要是周新提出的建议，上司都要找各种理由加以驳斥。周新起初很气愤，但后来一想，这几个月他光顾着忙工作，也没和上司认真交流过，上司对他不了解，说不定还不放心他呢。

经过观察，周新发现，他这位年轻的上司特别喜欢打网球，而周新在大学时就是校队的网球手，这几年因为工作忙，早就不打了。但为了与上司拉近距离，周新花了不少钱，买了一只比较好的网球拍，主动邀请上司打网球。

没想到，上司的网球水平居然和他相当，两人打得十分投入，打完网球之后，意犹未尽的两人又约了下次再打。这样，没过多长时间，周新和上司就十分熟稔了。一次打网球中间休息时，上司告诉周新，其实他对周新的工作是相当满意的，只是，公司内部的很多员工都听周新的，让他感觉自己可有可无。

于是，周新开始注意处处维护上司的"权威"，特别是在众人面前，帮助上司树立权威，凡是对公司有利的事情，都"归功"到上司头上。一段时间之后，上司明显感到了公司内部对他的态度变化，两人的合作就异常顺利。到总公司汇报工作的时候，上司主动表扬道："公司的业务开展如此顺利，全是周新的功劳。"

对上司来说，不管下属的能力多强，都希望自己的下属重视自己，尊重自己。这时候，作为下属的你，就算能力远远超过了上司，也要在众人面前尊敬上司，让上司知道，你确实是跟他一条心的，他才会让你放手去干，给你提升的空间。

如果你在职场不想得过且过，而是想混个好前途的话，就要学会利用和创造各种各样的机会与上司多接触，别不好意思，尽力制造与他亲近的机会。不需要你拼命讨好，只需要让他了解你，欣赏你，继而喜欢你，这不仅是对自己工作能力的肯定，更拓展了自己的职业发展空间，为自己的进一步发展提供了一个良好的平台。

3. 弄清自己的实力，承担不是逞强

明明知道这个任务自己未必能胜任，却认为毕恭毕敬、唯命是从才能讨老板和上司的欢心，以至于硬着头皮，大包大揽，打肿脸充胖子……结果吃力不讨好，耗子钻风箱——两头受气。

这样的情况，你是否遇到过？在这个世上，无所不能的"超人"是不

存在的。尤其在职场上，你一定要对自己的特长和能力有一个清醒、客观的认识。只有这样，才能不让自己陷入尴尬的境地。

你要弄清楚自己的实力，承担你的责任，但是你千万不要逞能。

小梁就是一个好逞强的人。大学毕业时她放弃了保送研究生的机会，进入了一家外资企业担任高级文秘。她对待工作非常认真，知道自己的工作经验不足，就经常向一些前辈虚心请教。前辈们都劝她，要趁年轻把握机会，勇于上进，做出一番业绩。

有一次，公司董事会决定在一个偏远省份拓展业务，首先需要派一个经验丰富、头脑灵活的人去调研一下，以便于进一步完成这个计划。总经理刚说完这件事，小梁便抢先一步毛遂自荐，说自己愿意承担这个艰巨的任务。总经理略微迟疑，提醒她这个任务比较艰巨，她又是个女孩，肯定不太方便。但小梁一心认为这是难得的机遇，一口便应了下来。

等小梁到了那个地方才发现，那里的人非常排外，她不懂当地方言，沟通十分困难，奔波了几日，没有什么头绪。小梁平常坐惯了办公室，又不愿意吃苦，索性中途不干了，打道回府。后来公司又派了另外一位经验丰富的老员工才完成了这次调研。但是，公司没有再让小梁回去做秘书，而是降了一级，从普通文员开始做起。这时小梁才后悔，不该没有考虑自身能力就逞口舌之快，反而让自己陷入被动。

我们大多数人都是平平常常、普普通通的人，不会成为天才，也难以一步登天。俗话说得好，一个人总是知道自己能吃几两干饭，聪明人尚且容易在这方面栽跟头，你我这样的普通人就更应当正确判断自己的能力、学识、特长，清醒地知道自己的长处和不足，明白哪些事情是自己擅长的，哪些事情是自己办不到的。只有清醒地了解自己，才能扬长避短，知道哪些事情是值得我们全力以赴的，哪些事情是我们难以完成、需要尽早放弃的，这样才能对自己做出较为准确、恰如其分的估量和评价，才能在各种复杂的情况下做出正确的判断。

现实生活中，有的人能言善辩、口若悬河，可是他的业务能力却总是在公司垫底；有的人豪气干云、心怀鸿鹄之志，可工作了好几年还是个级别最低的小职员。在这个世界上，每个人都有优点和缺点，面临工作任务的时候，我们要正确判断自己的能力、学识、长处等，对自己做出较为准确、恰如其分的估量和评价，达到事半功倍的效果。

在职场上，要争"面子"是很正常的一件事，但是，勇于承担并不等于逞强，更不等于大包大揽，不能把什么事情都包在自己身上，所有责任也自己一人承担。别人都不敢接的任务你敢接，这确实会提高自己的地位，但是很多人忘记了另外一面，这也增加了你额外的工作压力。

对于一个想做成一番事业的人来说，一定要弄清楚自己的实力，认清自己的优点、缺点，自己有多大的能力干多大的事。职场如战场，不要一心想着往前冲，即使是天上掉馅饼，你也得想着自己接不接得住。在工作中，我们会遇到各种各样的机遇和挑战，只有看清楚了自己，才知道什么位置最适合自己，并朝这个方向努力，这样才能满意而归，轻松获得成功。

4. 该出手时再出手

对很多职场人来说，职场奋斗无非两个目标：升职和加薪。但是，怎么才能实现这两个目标呢？在我们周围不乏这样的人，能力过人，品行端正，对公司也忠诚，但最后结果往往事与愿违。能力不是评价一个人的唯一指标，还得看使用能力的时机如何。很多人初入职场的时候，年轻气盛，奋勇当先，急着在职场里争得一席之地，趁着年轻大有作为，却不知这样急功近利，很容易头脑发热，花了大力气，却不一定能得到想要的结局。你要明白，做什么事都要求稳，升职也一样，需要掌握时机才能水到渠成，过早地将自己的底牌亮出来，往往会在以后的交战中失利。

机会只青睐于有准备的人，这句话在职场中更有其特殊价值。如果只是闷头做事，至多给上司留下一个踏实肯干的印象。一个人要成功首先需要让自己被别人注意到，机会不是自动降临的，很多情况下，我们不是没有机会，而是太随意地对待了机会，结果，机会也就弃我们而去。

要使自己的职业生涯不断突破，只抓住机遇显然远远不够。也许平时你默默无闻，但只要在几个关键点上你能"露"上一手，就能得到领导的注意，脱颖而出。

王丽是一个很优秀的职场女性。由于结婚生子耽误了几年，当她重新回到职场时，发现职场已经是年轻人的天下了。眼看着和她同年纪的同事们都加官晋爵了，王丽也决心改变自己在公司的平庸形象。

她知道自己首先要做的就是要让公司的领导们听到"王丽"这个名字，于是，她下功夫营造自己的人脉网，将公司里地位比较重要、说话比较有分量的人物全部梳理了一遍，有计划地与这些人物接触。在与人交往的过程中，她很注意推销自己，偶尔提提自己之前的"职场光辉史"，再以轻描淡写的口气道："不知道以后还有没有这样的机会。"大家对她的印象都很好。在日常工作中，王丽也有目的地帮助身边的同事，在帮忙的同时有技巧地展现了自己各方面的才能。就这样巧妙地把自己的品行、才能和在公司的良好表现传播到公司的各个角落，成功地对自己进行了全方位和深入人心的宣传。于是，领导经常从不同的人嘴里听到"王丽"这个名字。不久之后，从上到下都觉得，王丽能力很不错，有点屈才了。

在私底下，王丽也不敢懈怠。她买了一些管理学和与自己工作相关的专业书籍，一边上培训班，一边利用业余时间自学。除了每天必做的工作之外，她还细心地收集一些资料，甚至有公司以前的报表，等等。她把这些资料整理分类，然后进行分析，写出建议。为此，她还查询了很多财会方面的书籍。很快，办公室几乎所有的同事都知道了她的勤奋和努力。

过了一段时间，公司换了一个经理，为了摸清手底下人员的业务能力，他要求公司的每位员工把自己从事这个岗位的工作体会做成报告，交给部门主管。王丽意识到自己的机会来了，因为领导肯定会认真翻看这些材料的。于是，她精心地准备了这份报告，把打印好的分析结果和有关证明资料一并交给了经理。经理读了王丽的这份建议后非常吃惊，没有想到，这个平时看起来并不起眼的女员工竟然有这样的水准，而且，对公司的考虑井井有条、细致入微。

没过多久，公司打算成立一个分公司，要在公司内部竞聘分公司经理，公司的中高层领导都会参与。王丽感觉是个机会，她几个晚上不眠不休，经过精心的筹划，准备了演讲稿，参与了这次角逐。她购买了正规的服装，对着镜子设计自己的演说表情，甚至还请教了专业的形象设计公司，务必让自己以最佳的形象和状态出现在大家面前。虽然王丽的资历并不出众，也没有过人的业绩，但她的竞聘演说让公司的高层都为之震惊，因为她在"出手"之前，已经做了足够的功课，公司里的人对她的工作能力、个人品行都非常认可。统计下来，王丽得到了最高票。

要想脱颖而出，你的付出和得到并不一定成正比，只要你的"力气"使得恰到好处，足以事半功倍。王丽的成功之处，在于她把握住了或者说是她自己创造了与同事和上司接触的机会，并紧紧抓住这些机会，赢得了上司和同事们的欣赏。天上不会掉馅饼，要时时刻刻做个有准备的人，给自己创造机会，大胆出击，不要等待，这是职场成功所必须具有的认知，"不好意思"实际上是阻碍了自己的前程。

我们常常听到"机遇"这个词。所谓机遇，很多时候就是你突然有个机会，做出了超越你本人地位的工作。如果你留心，就会发现，机遇其实是很多的，但是为什么只有那么少数几个人抓住了？原因就在于：他们能够准确判断时机，并能大胆出手，一击而中。对时机的等待能够反映出一个人的心理承受力，你想花最少的力气成功，必须训练出这种心理素质。在职场上，隐忍是一种策略，所以，羽翼未丰时，要懂得让步，低调处事。

在职场上，与人相处得太平无事并不困难，但想要脱颖而出，吸引别人的注意则费劲得多。这"准备"二字并非说说而已，必须要从平时的细节做起。不管是风平浪静，还是暗流涌动，要想比别人得到更多，就要敢为自己站出来争取机会，想办法让领导知道自己能做什么，并且做了什么。我们不能被动地等待，而要积极主动地做准备。以精明的头脑详细地研究、细心地观察，捕捉机会，那么你就会不断获得事业的成功。

5. 做不到的事，一定要委婉拒绝

很多人进入职场后，很怕得罪人，影响自己的工作和前途，只要有人找上自己，绝不说半个"不"字。在同事和上司面前一味地做好事、说好话，好落个好名声。这样做，在短时间内，确实对人际关系有推动作用，但长此以往，会让自己陷入不利的局面。越是想讨好每一个人，越是达不到人人都喜欢你的效果。在职场，很多"忙"并不是想帮就能帮的，想给人帮忙，一定要掂量掂量自己的分量，别没有做成事还惹一堆麻烦。在工作中，当我们想要帮助同事的时候，一定要征求对方的意愿，并遵照对方的意见帮忙，千万不要贸然行动。自己做不到的事，宁可委婉拒绝，也不要打肿脸充胖子。不过，话也说回来，如果总是热心地去帮别人的忙，做得越多别人越觉得这是你应该做的，别人会习以为常，你就会发现："为什么我平时帮人那么多忙，却没有人夸我一句？"

小赵在一家事业单位的窗口服务部门工作，平常基本上是轮休，由于她年纪轻，没有家庭负累，因此，自上班以来，就时常有同事找她换班，而且每一个人都是理由充足，情况紧急，这让小赵不答应都不行。但是，小赵也有自己的事啊，她经常对家里诉苦："昨天李哥说要提前回家接孩子，今天王姐说要带孩子看病，每个都是不能拒绝的理由，我光是义务值班，就值了好多回了，帮这个不帮那个又说不过去，没办法啊！"这让小赵郁闷了好久。

不久，当惯了"老好人"的小赵，决心跟同事说声"不"。于是，有一天，有个女孩要她帮助顶下班，小赵那天家里确实有事，就拒绝了。结果隔天就有同事在背后说她是马屁精，只答应领导和老员工的换班要求。小赵只是一笑置之。之后小赵拒绝次数多了，大家也都明白了，不会总是叫她代劳了。

工作中，每个人肯定都会遇到各种各样的困难，都会有请别人帮助或者帮助别人的时候。在正常情况下，帮助是互相的，其实是在为自己铺路——谁也不知道你下回会不会有求人帮忙的时候，但是，帮助别人并不意味着充当"老好人"。

有不少资历较浅的新人，在公司谁也不敢拒绝，生怕不小心得罪了谁，给自己惹来麻烦，于是，对同事的要求来者不拒，甚至主动揽活儿上身，长此以往，感觉很累。这样"要面子"，实际上是累了自己。在该说"不"的时候，必须要懂得拒绝。你如何应对，决定了你在办公室中的人际关系。

阿泰的工作很轻松，他对电脑很擅长，公司的电脑坏了都找他修。大家都认为这些事对他只是"举手之劳"。本来这也没什么，但是后来发展到同事们家里的电脑也拿过来让阿泰这个"修理员"处理，阿泰就不得不在上班时间帮助同事们修电脑。这样不但占据了他的工作时间，还占用了公司的资源。没多久，阿泰就被公司点名批评了，而以前排着队找他修电脑的同事谁也没有站出来为他说句话。

阿泰这样的情况，相信很多人都遇到过。帮助别人之前要审慎估计自己的能力和精力。如果你总是当"老好人"，时间长了，在别人眼里，你确实是个"好人"，但同时也是个"没用"的好人，因为你在职场中总是分担别人的工作而使自己职责范围内的工作一团糟。心里苦闷不已，也没有足够的技巧拒绝别人，这样的人在职场上永远都不会有所突破，永远都不会成功的。

要学会说"不"。在职场上，每个人都必须有一套保护自己的方法，不能因为怕得罪人而不好意思。比如，请你帮忙影印文件时，你要知道有多少页或者有多少字，估计一下自己是否能够在对方要求的期限内完成再作答复。如果完不成，一定要告知对方，要让对方清楚你的付出，不能只是闷头做事情。还有在同事请求帮忙的时候，可以在力所能及的情况下给予帮助，若是一而再、再而三，一定不能纵容。我们要学会大胆地说出"不"字，这是相当重要的一个课程。

6. 闲谈莫论人非

职场和学校差别是很大的，而不少人还幼稚地将同学和同事相提并论，把同事也当成朋友，当对工作有什么不满和委屈，生活有什么烦恼时，这些"朋友"也自然成为了倾诉的最佳人选。其实，这样做是非常不明智的。那么和同事们谈论什么呢？公司里的老板、主管、同事等都是话题，有好的，也有不好的，在不少人看来，同事之间的"革命情感"往往也是靠着一起说某人的坏话或是一起骂上司建立的，这也是融入圈子的一种表示。

实际上，由于利益相关，职场上人际关系复杂，远非单纯的我们所能探测。比如，在办公室中两个人谈笑风生，而一出门，其中一个就开始痛骂另一个。另外，我们还能够经常看到办公室中昨天还像水火不融的两个同事，今天却亲密得俨如老友。不难看出办公室中的这种人际关系确实是高深莫测，让人猜不着，也不容易摸透。有句老话叫作"祸从口出"，为人处世一定要把好口风，什么话能说，什么话不能说，什么话可信，都要在脑子里多绕几个弯子。职场的生存手册上，最重要的一条就是"静坐常思己过，闲谈莫论人非"。

小美是个心思单纯的女孩，大学毕业后来到一家广告公司上班，为了尽快融入团队，小美经常参加同事们的谈话圈子，他们说什么，她就跟着说什么，生怕自己被孤立了。

某天中午，公司的王姐和小美去吃午饭，王姐对小美说："小美啊，还是你这样的年轻女孩好啊，每天不化妆，清清爽爽就来上班了，看你对面办公室的那个小丽，每天打扮得花枝招展的，打扮得这么妖有什么用，还不是没有找着男朋友。"

小美一听，心想，原来王姐也把我当自己人啊，赶紧跟着说道："是啊是啊，她的眼光可高了，给她介绍这个那个都看不上，就等着做剩女吧。"

王姐又说起办公室里的谁谁谁，小美也赶紧附和，两个人谈得畅快极了。小美也趁机跟王姐倾诉了不少职场的苦水，什么上司光给她穿小鞋，办公室的谁谁老是和她抢功之类的。

从那以后，小美经常跟王姐在一起谈天说地，但她也渐渐发现，办公室的同事都和她渐渐生疏了，甚至故意躲着她。

有一天，小美在打印文件时，不小心把文件装订错了，对面办公室的小丽来取文件，小美赶紧道歉，小丽很不屑地说："不是还取笑我是大龄剩女吗？原来你也就这点儿能耐。"小美终于知道是哪里出了问题，原来是"祸从口出"。

在职场中，不要对人对事妄加评论，更不要为了讨好别人而随意附和，有些事情自己心里明白就行，有些话能不说就不说。在别人面前从不显露不满的言行，学习做个聆听者，该说的就勇敢地说，不该说的绝对不乱说。这并不是因为"隔墙有耳"，在别人背后说人家的闲话这本身就是不道德的行为，更不要说传闲话了。即使是出于好意的"闲话"，也切勿宣扬，在流言蜚语面前你最好是保持沉默，任他人说个天花乱坠，你只管面带笑容不出声。若是他实在逼你开口，还有其他方法：顾左右而言他。可以谈谈政治，谈谈健身，渐渐地他就会感到无趣，再去"寻找"新的目标来说三道四，你正好可以落个清静。

有时候，我们难免会通过种种关系接收到一些内幕消息，为了拉近和同事的关系，或是不让和自己比较要好的同事吃亏，有时候会有选择性地把消息传出去，但一定要看对象。"誉我则喜，毁我则怒"是人之常情，何况还是你的顶头上司呢？如果你有把握他会听你的，能接受你的批评，那你可以适当提出来。自以为是地打"小报告"，会给你带来不可弥补的损失，甚至会给你以后的职场生涯埋下隐患。身在复杂纷纭的职场，你一定要有主见，不要人云亦云被别人牵着鼻子走，否则导致的后果会让你追悔莫及。

俗语道：害人之心不可有，防人之心不可无。办公室是一个是非之地，一句话不慎就有可能引来一场是非。面对职场流言，我们总体的相处原则是"人不犯我，我不犯人"。公平对待每一位同事，对谣言一笑置之，不予置评。如此你才能成为职场的赢家而非受害者。

7. 工作的字典里没有"差不多"

现代职场中，很多企业的员工凡事都得过且过，复命不到位，在他们的工作中经常会出现这样的现象：

——5%的人看不出来是在工作，而是在制造矛盾，无事必生非=破坏性地做；

——10%的人正在等待着什么=不想做；

——20%的人正在为增加库存而工作="蛮做""盲做""胡做"；

——10%的人没有对公司做出贡献=在做，但是负效劳动；

——40%的人正在按照低效的标准或方法工作=想做，而不会正确有效地做；

——只有15%的人属于正常范围，但绩效仍然不高=做不好，做事不到位。

做任何工作都要讲究到位，半到位和不到位是不可行的。执行任务时做到位，就是要求员工有严谨的工作态度，对要做的工作不敷衍，认真去办，复命时不打折扣。

在这个世界上，每个人都有自己的职位，每个人都有自己的做事准则。医生的职责是救死扶伤；军人的职责是保卫祖国；教师的职责是培育人才；工人的职责是生产合格的产品……社会上每个人的位置不同，职责也有所差异，但不同的位置对每个人都有一个最起码的做事要求，那就是做事做到位。

无论是个人生活还是职业、事业表现，我们只有付出100%的投入才有望杰出。如果只投入89%、93%，哪怕99%，都无法令人惊叹，顶多只能够做到差强人意而已。

仅仅完成工作中规定的任务，并不是一个能够激励人心的目标，如果你想进行卓有成效的复命，就应该努力超越自己，追求卓越。

其实，现实中，诸多的"差不多"所造成的结果并不是我们希望看到的：建设用料"差不多"，导致豆腐渣工程层出不穷，桥梁倒塌、未竣工的大厦倒塌，留下了一片片残破的瓦砾与一幕幕噩梦般的回忆；医生用药"差不多"，导致病人留下了难以抹平的痛苦，同时也抹杀了医生的道德和社会责任感。工作中，"差不多"的状态让我们无法交出完美的复命，这不能不说是一种悲哀。

美国富兰克林人寿保险公司前总经理贝克曾经这样告诫他的员工："我劝你们要永不满足。这个不满足的含义是指上进心的不满足。这个不满足在世界历史中已经促成了很多真正的进步和改革。我希望你们绝不要满足。我希望你们永远迫切地感到不仅需要改进和提高你们自己，而且需要改进和提高你们周围的世界。"

追求永无止境，只有永不满足的人才能够在事业上获得一个又一个上升的台阶。能够在事业上出类拔萃的人，对于什么是优秀的表现有一套高于常人的标准，并且会切实地朝着这样的标准迈进。在不断挑剔自我、不断改变现状的过程当中，他们会发现工作中出现的一个个问题，并加以修补、调整，从而完善自己，然后朝着更高的目标奋进。

不要满足于尚可的业绩，因为尚可的业绩人人都可以做到。人生就像逆流而上的小舟，不进则退，如果你满足于一点点小成绩，裹足不前，那么你很快就会被别人取代。没有一家公司的老板喜欢骄傲自满的员工，只有那些不满足于平庸，用高标准严格要求自己，不断学习、不断提高自己的员工，才会有更加出色的表现，才能更受老板的青睐。

杰克是一家纺织公司的销售代表，他对自己的销售纪录引以为豪。曾有一次，他向老板描述自己是如何卖力工作，如何劝说服装制造商向公司订货的，可是，老板听后只是点点头，淡淡地表示认可。

杰克鼓足勇气说："我们的业务是销售纺织品，对不对？难道您不喜欢我的客户？"

"杰克，你把精力放在一个小小的制造商身上，值得吗？请把注意力放在一次可订3000码货物的大客户身上！"老板直视着他，缓缓说道。

杰克明白了老板的意图——老板要的是为公司赚到大钱。于是杰克把手中较小的客户交给另一位销售代表，自己努力去找大客户——为公司带来巨大利润的客户。最后他做到了，为公司赚回了比原来多几十倍的利润。

新希望集团总裁刘永行说过："如果我们每个人不是把事情做到九分，而是做足十分，如果整个企业所有人都这样，我相信我们的员工就能拿到比现在高十倍的工资。如果我们每个人的工作都改进一点，做足十一分，尽到十二分的责任，我们就能够赶上欧美。只有企业发展了，个人才会随之发展。"

只有不断追求完美的员工，才能在不断努力和拼搏中为改变自己的命运争取到更大的舞台，而那些得过且过的"差不多"先生只能在日复一日的琐碎工作中消磨掉自己的潜力和运气！

第四章

过分取悦别人，吃亏的就是自己

在生活中，我们要学会拒绝别人过分的要求、无理的纠缠、恶意的怂恿、各种满布陷阱的诱惑……过分取悦别人，吃亏的就是自己！剔除懦弱和优柔寡断，学会坚强和刚毅果敢，会使我们更加坚韧，心更明、眼更亮、路更宽！

1. 必要时请直说，别让"口是心非"害了你

随着人们物质生活的日渐丰富，人与人之间的距离似乎也越来越远。不知道从什么时候开始，我们在别人面前，再也不能做真实的自己，再也不能说出自己真实的想法了。猜忌、顾虑、多疑，让如今的人际关系变得越来越复杂，越来越难处理。若是所有的交往都披上了虚伪的外衣，所有的交流都变得口是心非，这对于生活在这个扭曲的世界里的所有人，其实都是一种伤害。

小董今年30岁，因为一直忙于打拼事业，个人的感情问题一直没有解决，时至今日还没有一个正式的女朋友，这可把家里人急坏了。亲戚和朋友不停地给他介绍女孩认识，可小董始终觉得自己应该"先立业，后成家"，以至于别人的热心都被他婉言谢绝了。

有一次，单位的领导把自己的亲侄女介绍给了小董。起初，小董有心拒绝，可又担心伤了领导的面子，就勉强应了下来，口是心非地说了句："好吧，我去。"

见面当天，小董高挑俊朗的外表和温文尔雅的谈吐给女孩留下了深刻的印象。回去以后，女孩和介绍人说明了自己的想法：她愿意和小董继续交往下去。而对小董来说，他之所以会去相亲，也仅仅是碍于领导的面子，所以本身就没抱着继续交往的想法。虽然那个女孩各方面条件也不错，可由于小董根本就没这方面的心思，也就谈不上对她有什么好感。当领导向他询问见面后的感觉时，他犹豫了一下，只是淡淡地说了句："相处一段时间看看吧。"

从那以后，小董继续专心于自己的工作，根本没有把那个女孩的事放在心上。可他的一句"相处一段时间看看吧"，被女孩会错了意，误以为小董对她也很满意。于是她每天不停地给小董发短信、打电话，而小董虽然心里不愿意，嘴上却一直没有拒绝。就这样，两个人糊里糊涂地相处了一个月，像其他情侣一样，他们也一起吃饭，一起逛街，一起看电影。女孩一直热情主动，而小董却始终应付了事。一天，小董正在忙着工作，女孩打来电话问："你到底喜不喜欢我?"也许是觉察到了小董的冷漠，这已经是女孩几天来第三次问他同样的问题了。女孩的逼问让小董越发不耐烦，便随口说了句"别吵了，喜欢，当然喜欢"，便又去忙自己的工作了。

起初，小董觉得虽然自己心里不愿意，但直接讲出来会伤了领导和女孩的面子，只要自己不冷不热地应付着，事情早晚就会拖黄的。可天不遂人愿，女孩的执着终于让小董爆发了，在一次争吵过程中，小董还是说出了自己的想法：他从一开始就没有想过要和女孩交往。

听了小董的话，女孩像发疯一样，一边哭一边向小董咆哮道："我恨你，真的好恨你。如果你从一开始就不想和我相处，为什么那天见面你还要去? 为什么你同意继续相处? 为什么你还说喜欢我?"女孩一连串的发问，让小董哑口无言。第二天，同事们都在背后对他指指点点，说他人品不好，欺骗人家女孩的感情……

此时的小董已经是百口莫辩，他自认为出于好意，不愿意拒绝领导的好心，也不想伤了女孩的感情，所以才不愿意直接道出实情，只好口是心非地敷衍着。可令他万万没想到的是，正是他的这种"好心"，不仅促成了一段短暂而又荒谬的感情，更给对方造成了深深的伤害。

口是心非就是指心口不一，心里想的和嘴上说的完全是两回事。

我们可能是为了不让别人受到伤害，可能是为了隐瞒某些真相，可能是为了博得什么人的好感，可无论出于怎样的目的，即便像小董那样是出于"好心"，这样的言不由衷也都恰恰体现出了人性的虚伪。当别人对你的谎话信以为真的时候，这样的"好心"便成了一种欺骗，难怪同事们会怀疑小董人品有问题。

生活中的很多人总是习惯于说反话，明明不感兴趣，偏偏说自己喜欢；明明很在乎，却要假装一点儿也不在意；明明很关心，却要表现得不屑一顾；明明很反感，却要摆出一副虚伪的笑脸。当一切真相大白的时候，只能让自己陷入为难的境地，本来彼此还好的关系也显得越发尴尬。

难道我们就真的不可以讲实话，真的不能表达自己内心真实的想法吗？如果小董从一开始就直接谢绝领导的美意，对方可能会觉得遗憾，甚至还会认为他一心扑在工作上，无暇考虑个人问题，从而对他心生好感；如果小董直接告诉那女孩自己暂时不想考虑感情问题，女孩自然会有一时的伤心和失望，但起码体现出小董的正直和坦率，在这件事情淡去之后，两个优秀的年轻人或许还能成为很要好的朋友，将来会是怎样的结果其实还很难说。

可是，小董却选择了一种最愚蠢的做法，口是心非地敷衍度日。不仅失去了难得的恋爱机会，还成了同事们茶余饭后的话柄。我们都应该诚实一点，不要口是心非地不敢表达内心真实的想法。尽管这些想法有的时候真的很伤人，那也要好过戴着虚伪的面具昧着良心说谎话。

小袁是一名安全监管员，他经常要和几个同事一起到下面的工厂车间去进行安全检查。有时候他们要顶着烈日奔波很远的路程，小袁因为细心，经常在包里装两瓶矿泉水。有一次，一个同事感冒了，又没有带水，小袁出于好心就把自己的水让给他喝。可没想到从此以后，同事们都知道小袁包里有水，便再也不想着自己带水了。每当口渴的时候，便毫不客气地向他要水喝。起初，小袁并不好意思拒绝，只好自己忍着渴，把水分给别人。

可小袁的善意却没有得到什么好报，同事当中开始有了很多流言蜚语，"小袁真不厚道，把水分给小李却不愿意给我""小袁这人真自私，才给我留下那么一点儿水"。面对这些非议，小袁再也不能沉默了，当同事又一次向他要水喝时，他不再怕伤了同事之间的感情，而是直接拒绝："我的水是留给自己喝的，请你们以后自己带水，否则就只能渴着。"

小袁的严词拒绝让那些已经习惯伸手的同事颇感意外，他们也对小袁心生敬畏，从那以后便又开始自己带水了。

顺从别人让对方满意，似乎是表达善意最好的方式。但任何事情都有两面性，如果妥协过了头，就变成了姑息和纵容。所以，妥协要掌握合适的尺度，我们不能用牺牲个性、尊严乃至健康的方式去换取别人的好感。如果不想做就要直说，不用担心会伤了感情，尤其是在对方提出明显对自己不利的要求时。

2. 要面子很正常，但别打肿脸充胖子

在中国，从古至今，"面子"一直就是非常敏感而又玄妙的东西。"树靠一张皮，人活一张脸"，这"脸"自然指的是面子。为了这个"面子"，多少人累己累人，把自己和别人折腾得够呛，还乐此不疲。要面子，这本无可厚非，但是这个"面子"如果超越自己的承受能力的话，就会给自己带来不少麻烦。对很多人来说，如何挣到"面子"，实际问题就是一

个"钱"的问题，有一句话讲，贫居闹市无人问，富在深山有远亲，可见没钱的人有多悲哀，就因为太穷了，就算住在热闹的集市，也没有一个人来问候他一声；而有钱人呢，因为怕人打扰，住在偏远的深山老林，那些亲戚朋友都络绎不绝地来拜访。

人活着都要面子，但是面子不等于虚荣。大多数人都是靠工资生活，辛辛苦苦地挣钱，可是为了脸上风光，硬撑门面，打肿脸充胖子，这种只是"穷大方"。其实，我们完全可以根据自己的实力，量力而行，有钱的时候是一种活法，没钱的时候也不丧失快乐，只要在适当的时候抵住诱惑，就不会让自己活得那么累。

小秦在一家医院工作，收入不错，通过银行按揭已购得一套足够他们三口之家居住的住房，一家人生活得十分安逸，羡煞旁人。最近，他的儿子就要上小学了。他向朋友们咨询该上哪儿的学校。朋友们都劝他往市区的好学校去，说那里的师资条件、教学设备等如何先进，小秦听得心动不已。刚巧附近一个地段良好的学区房因为户主要出国，正在降价出售，价格比市价便宜了两成，小秦一听就心动了，完全不顾经济压力，毫不迟疑地订了房，又贷了一大笔款。

买到了学区房，解决了儿子的入学问题，朋友们纷纷称赞小秦有本事，小秦脸上确实光彩了几天。但烦心事还在后头呢。本来就背着每个月几千元的贷款，现在又多了几十万的外债。整日处于巨大压力下的他开始变得烦躁不安。

这时候，一个医院的熟人和小秦聊天，说起现在有高息借贷，利息很高，小秦一听，这倒是快速挣钱的一个法门，马上让熟人帮自己打听有没有人要借钱。

熟人打听之后，说有家企业想借三十万。这个数额太高了，小秦自己是没有，但他想，医院的账面上有不少钱，可以先挪用了，过几个月再还回来，可以挣好几千呢。于是，他从账面上挪用了三十万交给熟人。

本来这事做得是天衣无缝，可是，医院的财务主管突然跳槽了，接手的新主管上任，第一件事就是要查账，这下把小秦吓坏了，赶紧找熟人要钱，熟人回答说合同期限还没到，肯定不会给的。小秦又求助于家里，家里人听说也急坏了，赶紧张罗着低价卖了一套房，才把这个窟窿堵上。结果，小秦不但没有赚到钱，反而赔了一笔。

小秦的失误，就在于不切实际地追求不适合自己消费水平的生活。像小秦这样的事例在现实生活中很常见，如果他能考虑到自己的实际情况，不去盲目地追求超出能力的东西，那他的生活肯定会轻松很多。可他为了"面子"，只顾着满足自己的虚荣心，却没有考虑到自己的实际情况，一味地打肿脸充胖子，结果搬起石头砸了自己的脚，不但害了自己，也连累了家人。

我们这一生之所以总是烦恼不断，是因为我们把原本简单的事情复杂化了，太过在意别人的看法，而忽视了自己的需求，迷失了自我。有了钱还想挣更多的钱，有了房子还要更多更好的房子，无形当中让自己被物质支配。如果继续这样生活，只会陷入恶性循环，失去自我。想要生活得平静、快乐，最关键的是要有一颗平常心，正确地评价自己，给自己准确的定位，不过于追求完美，不与自己过不去，根据自己的实力调整目标，既积极进取又要知足常乐。

人生的诱惑实在是太多了，如果我们都想得到的话，那根本就是不可能的。每个人都应该对自己有个定位，如果哪天发现自己不如别人过得好，应该从自身找原因，积极反思、规划未来，以便自己站在更高的起点上，为自己注入更多的资本，而不是盲目地为了攀比，甚至想着走捷径，借钱投资，这些都是不可取的。

人生下来就是趋利的，追求财富和物质上的享受是每一个正常人都会有的心理指向，而生活的简单就在于过自己的生活，不要羡慕别人。别人再好，那只是别人的，羡慕只会徒增烦恼。自己的美好生活不是靠攀比来体现的，攀比有时候仅仅是满足个人面子的一种不成熟表现。我们努力工作，快乐地过属于自己的生活，这就是一种幸福。

如果工作挣钱的唯一目的是"挣面子"，在众人面前扬眉吐气，那样的生活就不是自己的生活，你只是生活的一个傀儡。

3. 谦虚，也要看场合分尺度

从小时候开始，家长和老师就告诉我们，做人要懂得谦虚。如《尚书》里写的"满招损，谦受益"，毛主席的名句"虚心使人进步，骄傲使人落后"，著名画家郑板桥的那副对联"虚心竹有低头叶，傲骨梅无仰面花"。这些名言警句都在告诉我们，谦虚是一种美德，一个人无论到了何种境界，都没有值得骄傲的资本，只有虚心，才能让自己得到更大的进步。但凡事都有它的两面性，即便是谦虚也要有个度。有人说，忍让过度就是懦弱，自信过度就是自大，谦虚过度就成了虚伪。做人应该有一种含蓄的智慧，谦虚的目的也是为了让自己放平心态，不露锋芒，积蓄力量，进而从书本中、生活里或是别人身上学到更多对自己有益的东西，而不是不加克制地忍让、推脱和伪装。

过分的谦虚就是虚伪，虚伪的人很难得到很好的口碑，因为过谦就是把自己隐藏在虚假的笑容背后，想尽一切办法让人看不懂、猜不透。但是朋友会因为你的伪装而觉得你"别有用心"，领导会因为你的退让而认为你缺乏自信或是没有真才实学。所以，谦虚的人也要懂得正视自我、相信自我，并不失时机地表现自我，一旦谦虚过了度，不仅会让自我迷失，也会让那些与你相处的人心生反感。

　　张成是某市书画协会的骨干，他的水墨画在当地很有影响力，他在书画界也非常有威望。经常会有画友不远万里来找他求画，也有一些高校的学生来向他请教绘画问题。但是他很少送画给人家，即使对方是社会名流；对别人向他请教的问题，他也经常是敷衍搪塞，说自己"才疏学浅""水平有限"，为免误人子弟，所以才不能倾囊相告。

　　起初，大家都觉得他可能只是为人谦虚，后来才知道，他其实是不想以真面目示人，不想把自己的真正实力过多地展现在别人面前，于是周围的人开始对张成有了些意见。

　　一次，一个国外的交流团到张成所在的书画协会开展民间艺术交流活动，协会负责人安排张成接待他们。国外交流团中也有很多书画方面的专家，他们看过书画协会举办的画展以后，对其中的几幅水墨画一直赞不绝口。当得知张成就是这几幅作品的作者时，他们都热情地握住张成的手，嘴里一个劲儿地说"good"。

　　可张成的反应却让这些外国友人大失所望，面对别人的赞赏，他只是不住地摇头，说自己天资驽钝，有辱水墨画的精髓，还说这几幅作品都是信手画来的，还称不上什么佳作。国外友人都觉得奇怪，不知道张成为什么是这样的反应，他们觉得，一个人在面对别人的赞许时，起码应该说声"谢谢"，为什么他非要不停地表示"不好意思"，不停地贬低自己，于是心里都有了不悦的情绪。

　　在交流团要离开时，团长提议双方互赠礼物作为留念，想让张成现场作一幅画，送给他们。而张成自然是"谦虚"地谢绝，理由也大都是些"自己的作品拿不出手"之类的说辞。几番推辞下来，这个礼物自然也就没有送成，外国友人就这样带着不快的心情上路了。当然，以后书画协会的活动也很少叫张成来参加了。

比起虚伪的过度谦让，西方人更看重直率。他们做了一件很好的事情，或是穿了一件很漂亮的衣服，往往都会特别主动地展示给别人，迫切地将自己美好的一面呈现给更多人。一旦得到别人的夸奖，他们往往也不会刻意掩饰内心的喜悦，最基本的是要说声"谢谢""我会继续努力"之类的话，更可能会和对方握手或拥抱。所以国外交流团的各位专家对张成心生不悦也就不难理解了，张成可能还觉得自己惺惺作态的谦虚会博得他人的好感，而在人家眼里，他的这种伪装其实是一种失礼。

当然，这里有文化差异的因素存在，中国人总是以拒绝接受赞扬来表示自己的谦虚。如果别人夸奖你时，你欣然接受，我们往往会觉得这样的人骄傲自大。但是在一些场合，对方实事求是地称赞你时，你就没必要再去过分地谦让，回答一句感谢或肯定的话，不仅对自己是一种认可和肯定，也是对对方赞美的一种尊重，至少说明对方独具慧眼。

像张成这样不分场合、不分尺度地过分谦虚，其实反倒会让人觉得这是一种骄傲的表现。当他明显回避甚至否定自己的成绩，而大家又都十分肯定他的艺术成就时，这会给大家带来压力，会让别人觉得更加惭愧。你都那么出色了还不住地否定自己，那么让其他人情何以堪呢？以至于让人有一种被嘲讽的感觉，自然你自己也不会得到别人的好评。

古时候齐国有个黄公，他有两个女儿，都有闭月羞花之容，算得上国色天香。可黄公这个人就有些过分谦虚，常常用各种谦辞说自己女儿丑得要命。于是乎，众人信以为真，将"黄公女儿很丑"的消息传遍了四里八乡，以至于两个女儿超过了结婚的年龄，仍然没有人敢上门提亲。这时候的黄公终于开始着急了，不得不降格以求。这时候卫国有个光棍，因为家境贫寒，人到中年还未娶妻，于是就冒冒失失地上门提亲，反正也没有老婆，丑的也娶一个吧。当他把黄公的大女儿娶回家一看，立刻就惊呆了，这简直是仙女下凡啊，怎么能说丑呢？难怪后来有人评价说，谦虚本不错，但过谦也不好啊！

谦虚固然是一种美德，但也要实事求是，不可太过分，既不盲目张扬，也不可一味退避。好就是好，不好就是不好，让自己变得真实一点儿。当今社会提倡的是个性的解放和张扬，面对人生不同的境遇，该谦虚时就要谦虚，该展现自我时也不要有任何犹豫，这才是该有的"真我"！

4. 求人不丢人，解决问题才是首要

很多人总觉得"求人"是一件丢人的事情，往往因为抹不开面子而办不成事。但是，生活对人们说："你必须求人。"很多时候，我们要放下所谓的"面子"，解决问题才是首要。

战国时期，有个名叫许行的楚国人来到滕国。他和自己的几十个门徒穿着粗麻织成的衣服，靠编草鞋、织席谋生，以能自给自足、不求他人为乐，并据此指责滕国的国君不明事理。因为在许行看来：人不能依赖别人，不能向人求助，所以身为一位真正贤明的国君，他既要为老百姓服务，同时还要和老百姓一样自耕自食；如果自己不耕种而要别人供养，那就不能算作是贤明的国君。

一个叫陈相的人把许行的所作所为及其主张告诉了孟子。

孟子问陈相："许行一定只吃自己耕种收获的粮食吗？"

陈相回答："是的。"

孟子接着又问："那么，许行一定自己织布才穿衣吗？他戴的帽子也是自己做的吗？他煮饭的锅、甑都是自己亲手浇铸的吗？他耕作用的铁器也都是自己亲手打制的吗？"

陈相回说："都不是的。这些物品都是他用粟换来的。"

孟子和陈相的对话，明白地指出不论衣、食、住、行，我们都是有求于人的。

很多人信奉"万事不求人"或"求人不如求己"的原则，认为请求别人帮助是自己无能的表现，似乎有些丢脸。这种看法是偏颇的。人与人之间的互相帮助是生存与生活的必然现象，而非"无能"或"丢脸"。因此要找人办事、学会求人，就必须要"打死心头火"。如果我们一听到对方的话不对自己胃口，马上"火冒三丈"，这样是难以真正领悟求人成事的要义的。

要求人，脸皮薄可不行，所谓"人在屋檐下，不得不低头"。求人成事，脸皮薄、放不下清高的架子是不会成功的。

20世纪80年代，艾柯卡由于遭人嫉妒和猜忌被老板免去了福特汽车公司总经理的职务。面对打击，他没有消沉，而是立志重新开创一片天地。为此，他拒绝了数家优秀企业的招聘而接受当时濒临破产的克莱斯勒公司的邀请，担任总裁。

到任后，他首先实施以品质、生产力、市场占有率和营运利润等因素来决定红利的政策。他规定主管人员如果没有达到预期的目标就扣除

25%的红利；他还规定在公司尚未走出困境之前，最高管理阶层各级人员减薪10%。

这一措施推出后，有人反对有人赞成，反对的人是公司的元老，认为这样做损害了他们的利益。艾柯卡冷静地对待这一切，并且自己只拿一美元的象征性年薪，让反对他的人无话可说。

为了争取政府的贷款，艾柯卡四处游说，找人求人，接受国会各小组委员的质询。有一次，由于过度劳累，他眩晕症发作，差点儿晕倒在国会大厦的走廊上。为了取得求人办事的成功，艾柯卡把这一切都忍了下来。结果，他领导着克莱斯勒公司走出困境，到1985年第一季度，克莱斯勒公司获得的净利高达5亿多美元。艾柯卡也从此成为美国的传奇人物。艾柯卡取得巨大的成功，其秘诀就是"打死心头火"。

然而这里的"心头火"指的是高傲的自尊，而不是为了目标努力耕耘、勇往直前的热情。

求人时最忌讳的便是为了面子问题而发怒。发怒的结果非但不能解决问题，反而得罪了能帮助你的人。求人遭遇刁难时，不妨先按耐住自傲的火气，拿出你的热忱，让别人看见你真正的需要，让他了解你的目的。张三拒绝你，不妨找李四，李四拒绝你，再找王五，总会找到肯帮助你的人。千万别为了一时的面子，而忘了求人真正的目的是"解决问题"！

当然，我们提倡的放下面子，并不是让你弯腰驼背、低三下四，只是让你放下"不必要"的面子，大胆地跨出去。

唐代诗人白居易16岁到长安应试，向当时的名士也是著名诗人顾况求助，希望对方能推荐自己。

当时，白居易还只是一个无名小辈，地位已经很高的顾况自然瞧不起这个年轻人。一看见他姓名中的"居易"二字，顾况就嘲笑他说："长安米贵，居不大易。"

言下之意非常明显："我为什么要帮助你这个无名小辈呢？并且帮助你在长安成名又有什么意义呢？"但当顾况接着看白居易递上去的诗作，翻阅到《赋得古原草送别》时，不由得精神大振：

> 离离原上草，一岁一枯荣。
>
> 野火烧不尽，春风吹又生。
>
> 远芳侵古道，晴翠接荒城。
>
> 又送王孙去，萋萋满别情。

这首诗写得极有气势，把自然界的草木荣枯与人生的离合悲欢联系起来，特别是"野火烧不尽，春风吹又生"两句，表现出一种饱受摧残，却仍然不屈不挠、奋发豪迈的精神。见此，顾况不由得去节赞叹，改口说："有才如此，居亦易矣!"顾况认为白居易是个值得自己帮助的青年，于是答应了白居易的求助，帮助白居易广交长安名人雅士，并在仕途上助他一臂之力。

白居易以不卑不亢的态度，用过人的才华为自己赢得了成功的机会。求人时，不妨想想你有什么地方值得别人帮助你：向人借钱，是不是该让人知道你有多少还钱的实力；向人求工作，是不是该让对方知道你的工作能力能为他带来多少利润；向人求爱，是不是该让对方知道你有哪些值得爱的地方？

求人不必总是低声下气，但也用不着狂妄自大。如果别人求你，你则完全没有必要摆出居高临下的样子，而应该表现出自己平易近人、开朗、热情、主动、目中有人、尊重对方，再配上微微一笑，使对方感到亲切而温暖；这样，就会给求人与被求双方创造一种友好亲切的气氛，解除那种因你的身份、你背后的权势与经济实力而加在对方头上的沉重压力。总之，身为强者的你应该放下架子，以缩短双方的距离，激发双方思想感情上的共鸣，以谦和的态度赢得对方信任并达到自己求人成事的目的。

而作为地位比对方低的求人成事者，则不应该为对方的权势所慑，不为对方的身份、地位所左右，克服畏惧、紧张、羞怯、遮掩的不良心态，大胆地表明自己的来意。以不卑不亢的态度来与对方会谈，尽可能地展示自己的才华，这样才能在求人成事时获得成功。

5. 诚信是金，做不到就不要许诺

相信就是力量，人与人之间的信任有时能发挥与信仰相同的爆发力。

战国时期，魏文侯派乐羊攻打中山国，当时有人劝文侯说："乐羊的儿子乐舒在中山国位居高官，怎么能让他担任大将？"

魏文侯经过考虑，决定还是派乐羊去。

乐羊到中山国后，驻兵三月未攻，因为当时中山国国君屡次让乐舒去找乐羊，要他延缓进城。消息传到魏国，大臣怨声鼎沸，而魏文侯却对乐羊深信不疑。

后来，中山国国君为了胁迫乐羊，把他儿子煮成肉羹，差人送给乐羊。乐羊坐在军帐里端着肉羹吃了起来，一碗吃尽了，立刻下令攻城。

中山国国君这样的举动让百姓大失所望。乐舒并未背叛他，而且还成功地让乐羊延缓攻城，让他有时间与大臣商议对策。但中山国国君反而杀了乐舒，还残忍地将他煮成肉羹送入他父亲的口中。中山国的百姓知道自己的国君如此对待对国家百姓有功的乐舒，这样的国君又怎么能够保全人民呢？

很快，魏军迅速占领了中山国。

乐羊凯旋时，魏文侯亲自出城迎接，大摆宴席为他庆功。宴席上赐给他两箱礼物。乐羊回家打开箱子一看，箱子里全是大臣们弹劾他的奏章。第二天，乐羊前去谢恩。

魏文侯说："我知道，只有你才能担当这一重任。"

以上就是著名的"乐羊不攻城"的故事。信任的力量在这个故事中产生了两极化的结果：中山国因此亡国；魏文侯因此得一名忠诚猛将。魏文侯如此信任乐羊，是因为他对乐羊有充分的了解。

但是，求人与助人中如果信任那些自己不了解的势利小人，则会给自己带来无穷的祸害，就如同故事中可怜的乐舒。

那么，如何能够知道哪些人足以信任，哪些人不能呢？不妨看看汉朝的汲黯是怎么分辨的。

汉武帝的大臣汲黯是个威武不屈的忠义之臣。在他位居高官时，许多人到他的家里来拜访，向他求助。他家里常常高朋满座，把门槛都踏坏了。

后来汲黯由于直言上谏激怒了汉武帝，被免去官职。过去的那些朋友一个也不来了，真是门可罗雀。不仅如此，这些朋友还在背后恣意攻击他，把他过去说的知心话广为传播，四处败坏他的名声。

后来，汲黯官复原职，一些中断来往的昔日"朋友"又想来拜会他、向他求助。结果，当然遭到了他的愤然拒绝，因为他已尝到信任这种势利小人的苦头，不想重蹈覆辙！

能够在危难时不离不弃并伸出援手的人才是足以信任的，魏文侯之于乐羊是这样，汲黯的昔日"朋友"便是反面"典型"了。

忠诚待人，才会有信用，需要帮助的时候就可以利用他人这种信任。就像借来的财物若能及时归还，必然能更容易地获得下次的援助一样，就是人们常说的："有借有还，再借不难。"如果借钱不还，谁还会再借给你？

求人时，自己既要守信用，同时也要信任忠诚的人，信任那些经过长期考验、值得依赖的人，不轻信势利小人，才能得到适当的帮助、避免祸害、万事亨通。

君子一言，驷马难追。一个不讲信用的人，是为人所不齿的。现在的生意场上，企业做广告宣传，树立企业在公众中的形象，就是想提高自身的信用度。信用度高了，人们才会相信你，和你有来往，成交生意，你办事才会容易成功。

人无信不立。信用是个人的品牌，是办事的无形资本。有形资本失去了还可以重新获得，而无形资本失去了就很难重新获得了。办事再困难也不能透支无形资本。

诸葛亮有一次与司马懿交锋，双方僵持数天，司马懿就是死守阵地，不肯向蜀军发动进攻。诸葛亮为安全起见，派大将姜维、马岱把守险要关口，以防魏军突袭。

这天，长史杨仪到帐中禀报诸葛亮说："丞相上次规定士兵100天一换班，今已到期，不知是否……"诸葛亮说："当然，依规定行事，交班。"众士兵听到消息立即收拾行李，准备离开军营。忽然探子报魏军已杀到城下，蜀兵一时慌乱起来。

杨仪说："魏军来势凶猛，丞相是否把要换班的4万军兵留下，以退敌急用。"诸葛亮摆手说："不可。我们行军打仗，以信为本，让那些换班的士兵离开营房吧。"众士兵闻言感动不已，纷纷大喊："丞相如此爱护我们，我们无以报答丞相，决不离开丞相一步。"结果，蜀兵人人振奋，群情激昂，奋勇杀敌，而魏军一路溃散，败下阵来。

诸葛亮向来恪守原则，换班的日期到来，即毫不犹豫地交班，就是司马懿来攻城也不违反原则。以信为本，诚信待人，也成就了他的完美人格。

顾炎武曾以诗言志："生来一诺比黄金，那肯风尘负此心。"言必信，行必果，不但是对人的尊重，更是对己的尊重。

当朋友托我们给他办事时，我们能提供帮助是在情理之中。但是，办事要量力而行，不要做"言过其实"的许诺。因为，诺言能否兑现除了个人是否努力的问题，还受客观条件的影响。平时可以办到的事，由于客观环境变化了，一时又办不到，这是常有的事。因此就需要我们在朋友面前不要轻率地许诺，更不能明知办不到还打肿脸充胖子，在朋友面前逞能，许下"寡信"的"轻诺"。

当你无法兑现诺言时，不仅得不到朋友的信任，还会失去更多的朋友。

有一个年轻人在银行工作。他过去的老师想开一家公司，却缺少资金，便去问他能不能帮忙贷款。他想："这是老师第一次找自己帮忙，怎么能拒绝呢？"当即一口答应。可是，他毕竟刚参加工作不久，说话还没有分量，而老师的贷款请求又不完全合乎规章制度，所以，当老师租好门面，请好员工，等着资金开业时，他这里却拿不出钱来。老师大怒，责备他说："你这不是捉弄我吗？你即使不想帮我，也不该害我！"他能说什么呢？只好苦笑而已。

有些人是因不好意思拒绝而向他人承诺，而有些人则喜欢胡乱吹嘘自己的能力，随随便便向别人夸下海口，承诺自己根本办不到的事情。结果不但事情没有办成，自己的名声也受到损害。

某厂职工小明，经常向同事炫耀自己在市房管所有熟人，能办房产证，而且花钱少、办事快。开始人们还信以为真，有些急于办理房产证的同事便交钱相托，但时过多日，不见回音，问到小明，他便说："近来人家事儿太多，再等等。"拖得时间长了，同事们对他的办事能力就产生怀疑，便向他要钱，他找理由说："谋事在人，成事在天。懂不懂？你的事儿虽然没办成，可我该跑的跑了，该请的请了，你不能让我为你掏腰包吧？"言下之意，钱没了。

从此以后，小明的话再也没人信了，以至于人们在闲暇聊天时，只要小明往人群里一站，大伙好像有一种默契似的，开始缄默不语，继而纷纷散去。

既然许下诺言，无论刀山火海都不能反悔，你不能言而无信。

所以，不要轻易向人许诺你可能办不到的事，这是不失信于人的最好方法。

要获得守信的形象并不容易。最要紧的一条是：别答应你无法兑现的事。这不仅是一个主观上愿不愿意守信的问题，也是一个有无能力兑现的问题。一个人经常答应自己无力完成的事，当然会使别人一次又一次失望了。

一个商人临死前告诫自己的儿子："你要想在生意上成功，一定要记住两点——守信和聪明。"

"那么什么叫守信呢？"儿子焦急地问。

"如果你与别人签订了一份合同，而签字之后你才发现你将因为这份合同而倾家荡产，那么你也得照约履行。"

"那么什么叫聪明呢？"

"不要签订这份合同。"

将守信理解为一种品德，很难坚持做到。将它理解为一种回报率很高的长期投资，则比较容易变成一种自觉的行动。当你获得了一个守信用的形象时，会获得越来越多人的信任，因而带来越来越多的机会。这就好似拥有了一座金矿。反之，缺此一条，别的方面再优秀，也难成大器。

下面是几个小要诀，帮助你在工作中赢得好人缘。

（1）不要随意抖落隐私

尤其是当你的生活出现危机，比如失恋了，跟老公吵架了，千万别在办公室里随便找个人吐苦水；如果你的工作出现了危机，比如老板交给你的任务太艰巨，你对老板、同事有意见时，更不应该把同事作为倾诉对象。不过，需要注意的是，在工作中互帮互助、团结协作、真诚待人是必要的。毕竟能够在一起共事也是一种缘分，而且，对于一个团队来讲，这些都是通往成功的基础条件。

（2）要有人情味

当同事身处逆境时，你应该伸出援助之手，给予力所能及的帮助；当同事遭到误解时，要表示理解和安慰；当同事情绪低落、心情苦闷时，要真诚地关心。只要你付出的是善意，就将会赢得对方的感激和信任。

（3）向有"好人缘"的同事靠近

在选择朋友、建立自己的人际关系网时，应该尽量选择人缘比较好的人。如果你的关系网络全部由"好人缘"的人组成，那么，这个关系网络的力量将是无穷的，而身在其中的你也会因此而受益匪浅。

（4）拥有海纳百川的胸怀

在职场中，一定要懂得忍耐和宽容。身处职场，由于各种关系错综复杂、盘根错节，人事纠葛时有发生，当与他人发生矛盾时，当被人误解和非议时，我们要抱着君子坦荡荡的态度一笑置之。

6. 培养维护交情的好习惯

习惯人皆有之。南方人习惯吃大米饭，北方人习惯吃面条，这是生活习惯；有的人喜欢边听音乐边学习，有的人则习惯于神情专注、不受干扰，这是学习习惯；有的人工作时习惯快刀斩乱麻、雷厉风行，有的人则习惯有头有绪、有条不紊，这是工作习惯。

习惯真可以说是无所不在、无处不有。正因为习惯如此之多，以致人们常常忽视它的存在，无视它的作用。但是，你可千万不能轻视习惯的作用。好习惯是成功的助推器，而坏习惯则可能是通往成功之路的绊脚石。

萧伯纳坚持"该先做的事情就先做"的习惯帮助他成为著名的作家；爱迪生坚持想睡就睡的习惯，保证了他工作时有极高的效率，使思维保持活跃，从而有了一个又一个发明创造；约翰·洛克菲勒坚持工作有张有弛的习惯，使他成为了全世界拥有财富最多的人之一。这样的例子不可胜数。

事实上，失败的人和成功的人之间有很多东西相同，而往往在习惯方面却有很大的差异，正是这些不同造成了他们不同的命运。这是为什么呢？因为习惯是在长时期里逐渐养成的一时不容易改变的行为、倾向或社会风尚。

当我们每天重复做相同的一件事情时，那件事情就会成为习惯。所有的习惯都是养成的。维护好人缘自然也是一种习惯，不能有事的时候才去求人，在平日里就应培养维护好人缘的习惯。

（1）信息最重要

曾有一名技术员，特爱交朋友。无论是同事、上司，还是顾客、同行，甚至是保安、餐厅的工作人员他都非常熟悉。只要是有过一两次来往的人，他都会把对方的电话记在电话本上。他的电话本攒了厚厚的一摞。不仅如此，所有电话本上的人，他都会经常打个电话或者发个短信联系。

随着他的职位升为项目经理，他认识的人也越来越多。三年前，他辞职开始自己创业，无论是启动资金，还是创业项目，甚至手下的员工，都是来自于自己的人脉资源。到如今，他已有两三百万的资产了。"掌握了人脉资源，就抓住了成功的关键。"人脉是事业成功的助推器，可以提升成功的速度。人脉资源为职场人士打开了机遇的天窗，各种人脉的帮助使我们在事业起步时就站在了"巨人"的肩膀上，同时，人脉资源能在关键时刻或危难之际为我们提供帮助。

在职场中信息最重要，可以说人脉资源就是职场的情报站，人脉有多广，情报就有多广。拥有无限的信息，事业就有无限发展的平台。

（2）工作中认识的人一概积存维护起来

人脉资源包括亲人、老乡、同学、同事、顾客等。每个人总是在不断开发自己的人脉网络，区别在于成功的人总是比一般人具有更庞大和更有力量的人脉网络。

工作中常会接触到不同的人，有的人寒暄一番，礼节性地互留名片，过后名片成为一张废纸；而有的人完成工作后，还会后期跟进，继续建立关系。项目结束，如果不适合再与客户交往，可以以推荐人的身份出现："朋友有个项目，我觉得你们比较合适，是不是找个时间聊聊？"既帮朋友拓宽了选择面，又替客户搭上了线，你成为了人际关系的一剂润滑油。

（3）无论"大小"都是资源

有的人眼睛只盯着上层人士，而忽视了同事、下属；有的人只结交年长有经验的人，而忽视了年轻人，但事实上无论什么样的人，都是不可缺少的资源。

人脉资源可以分为金融人脉资源、行业人脉资源、技术人脉资源、思想智慧人脉资源、媒体人脉资源、客户人脉资源等。即使一个普通的技术员，也许通过他可以为企业挖到优秀人才；即使是"80后""90后"，和他们接触也能了解一些新的信息。"人的精力有限，不可能所有的人脉关系都一碗水端平，因此，人脉也有大小之分。"所谓的"小人脉"是可以为自己提供服务，以备不时之需的人。比如，办公用品商、网络维护员、物业管理人员等。这一类"小人脉"，大多不必费心维护，只需建立清晰的数据库便可。而"大人脉"则是对自己事业发展有重大影响的人，这一类人脉一定要精心维护。

此外，人脉资源既要有广度和深度，还需要有关联度。人脉的关联度指人脉关系与个人所从事行业的相关性。要利用朋友的朋友或他人的介绍等去拓展自己的人脉资源，从长远考虑，千万不要有人脉"近视症"，需要关注成长性和延伸空间。

（4）维护人脉从问候开始

"一般来说，问候是维护人脉关系的基础。"无论是熟还是不熟的人脉关系都要定期或不定期地问候对方，人常说"见面三分情"。即使不能当面问候，电话、短信联系也会增进感情。经常问候，不至于与对方疏远，甚至防止对方忘掉自己，这样一旦有需要动用起来才不会牵强，同时，也能从各种人脉关系中了解信息，从中找到商机。

维护人脉关系，最重要的是双赢。人际交往是双向互惠的，单向利己的行为不能长久，不要有"吃亏"的念头——患得患失、因噎废食或心存侥幸。

要做到乐意和别人分享，这其中包括：分享自己的专业知识帮助别人；分享资源，包括物质和朋友的关系；分享爱心，实在帮不上忙那就表示真诚的关心，别人也会铭记在心。

总之，人脉关系将伴随人的一生，是最大的财富，无论如何建立和维护人脉资源，以诚待人是人际交往的根本。

（5）对他人表示感谢，强化其成就感

维持良好的人际关系，表达心意最简洁的一句话就是"谢谢"。诚恳地说声"谢谢"会带给对方最大的满足和感动。

"谢谢"虽然是一句简单的话，但只要你运用得当，就会给别人留下深刻的印象。每个人为他人付出，都希望获得预期的结果和反馈信息，特别是当他人为你提供了某些帮助的时候，尽管对方口头上说"这是应该的""这没什么大不了""不值得一提"，但是，在他人的内心，是希望得到你的重视和认可的。你的一句话、一个笑脸都能让他人备受鼓舞、再接再厉。

美国的心理学家和行为科学家斯金纳认为：人或动物为了达到某种目的，会采取一定的行为作用于环境。当这种行为的后果对他有利时，这种行为就会在以后重复出现；不利时，这种行为就会减弱或消失。人们可以用这种正强化或负强化的办法来影响行为的后果，从而修正其行为，这就是强化理论。

所谓强化，从其最基本的形式来讲，指的是对一种行为的肯定或否定的后果（报酬或惩罚），它至少在一定程度上决定了这种行为在今后是否会重复发生。根据强化的性质和目的可把强化分为正强化和负强化。正强化就是鼓励那些自己需要的行为，从而加强这种行为；负强化就是惩罚那些与自己的预期不相符的行为，从而削弱这种行为。

当别人给你帮忙了，你要及时地表达自己的感激之情，你的感激之情表达得越充分、越及时，他们就越会觉得自己的付出是有意义的。否则，他们会认为自己"费力不讨好""白帮忙"了，下次当你有困难的时候，所有的人都可能离你远去。

这种回应不一定是物质上的同等回应，精神上的奖励同样让他们有一种满足感，让他们觉得他们给你提供的这个方便是值得的、有价值的。

我们平时说"谢谢"时，通常是基于礼貌说的，但是你想要表达一种内心的感激，只说"谢谢"两个字是远远不够的。你必须配合你的表情和声调，让对方感觉到"他在跟我道谢呢！"所以，在道谢的时候，最好加上对方的名字"谢谢你呀，小张！""李经理，非常感谢你！"当你加入了对方的名字，就等于把对方拉进了被感谢的角色。

另外，在表示感谢的时候，如果你能把感谢事由加入感谢的话中，对方的感觉会更胜一筹，你也会显得更加诚恳。比如，"真谢谢你呀，小张，要不是你我找不到这么好的工作！""谢谢你帮我改了论文，让我的论文获得了第一。""要不是你帮我渡过难关，我还不知道怎么应付这次失业呢！"这样的话会更加强化对方的重要性，他会感到你是真的记得他的好。

别人帮了你的忙，你表示感谢是理所当然的，但是如果别人答应帮你，尽力了但却没有帮上忙，你该如何呢？抱怨别人不该答应你？指责别人没有为你多尽力？或者是什么也不说，就当没发生过？

不管怎么样，只要对方付出了努力，无论结果如何，你都要表示感谢，否则就会让人认为你是个势利的人。在这种情况下，你可以说："我知道你已经尽力了，谢谢你！""真不好意思，让你为难了！""这件事的难度确实太大了，我自己再想其他办法，但还是非常感谢你的帮忙！"

对方听到这样的话，心里肯定会感到很舒服，甚至为没有帮上你的忙而感到愧疚，下次你遇到困难时，他们一定会尽最大的努力来帮你，以"弥补"这次对你的"亏欠"。

记住，对帮助过你的人要说声"谢谢"，为别人对你的启发教诲说"谢谢"，即使只是一些微不足道的小事，也要表达你的感激之情。

第五章

苛求完美，不过是自讨苦吃

完美，一个乌托邦式的假想，却是促进古往今来多少人奋斗不息的源源动力。正因为有它存在于我们的心中，社会才变得更加有序，我们才能被文明的铁臂推送向前。完美固然能在某种程度上代表一种圣洁，但一个过于追求完美的完美主义者便会痛苦，便会处处吃亏。

1. 生活中没有完美

正如硬币有正反两面，人也会有优点、缺点，没有谁能够成为真正完美的人，因此我们不要用短暂的光阴去盲目地追求完美。事实上，如果一个人要想实现完美，就好比大海捞针，结果只能徒劳无功。

我们不能要求达到生活的完美。因为生活本身就应该有些风浪，而风浪正是我们出航的助力。如果我们生活在一帆风顺中，就不会提高自己的才智，同时也很难体验到生活的乐趣。

张宁从来没有出过海，一天，朋友约他一起前往。起初，他有点犹豫，害怕翻船。朋友劝他说："如果你总是这么杞人忧天，还不如从一出生就躺在床上，这样什么危险也没有了。"张宁听从了朋友的劝告，于是两人一同出海。

刚开始的时候，大海风平浪静，两人觉得心旷神怡。但没过多久，风浪就来了，船有些摇摇晃晃。张宁有些紧张，朋友告诉他说，没什么可担心的，这是常有的事情。于是，张宁的情绪开始有所舒缓。果然，没过多久，风浪就平息了下来。等他们回到家的时候，张宁对朋友说："虽然有点惊险，但是还真有趣。"

生活何尝不是这样呢？当我们回过头去看那段有风浪的生活的时候，发现正是经历了这样的日子，生活才变得丰富起来，连痛苦的经历都成了美好的回忆。

同样的，我们发展自己的事业，往往一开始并不是各方面条件都具足，有一桩完美的大事业等待我们着手。事实上，事业的起步往往始于小事情。如果一个人觉得小事情琐碎，不屑于做，那么他也不大可能成就大事。不追求事业的完美，还在于不要想着过于均衡地发展。一个人事业上可能有几个目标，如果你想一并实现，往往是不可能的。因为你的精力、时间和资源都不够。你唯一能做的就是一个一个地实现，达到动态的均衡。追求事业完美的人最容易陷入空谈。

生活就是这样，不可能完美，也不可能一帆风顺。我们也没有必要追求完美，追求一帆风顺。我们要追求的是适应和驾驭生活的能力，就像我们在大海上，要做的是适应和驾驭那条摇摇晃晃的船。

有位伟大的雕刻家就是一位完美主义者，他所完成的雕像，令人几乎难以区分哪个是真人哪个是雕像。有一天，死神告诉雕刻家他的死亡时刻即将来临。

雕刻家非常伤心，他和所有人一样，也害怕死亡。他苦思冥想了很久，最后终于想到一个好方法，他做了11个自己的雕像。当死神来敲门时，他藏在了那11个雕像之间，屏住了呼吸。

死神感到困惑，他看到了12个一模一样的人，他无法相信自己的眼睛，从未发生过这种事！从没听说过上帝会创造出两个完全一样的人，这个世界上每个人都是唯一的。

这是怎么回事？死神无法确定自己究竟该带走哪一个，他只能带走一个……死神无法做决定。带着困惑，他回去了，他问上帝："您到底做了什么？居然会有12个一模一样的人，而我要带回来的只有一个，我该如何选择？"

上帝微笑着把死神叫到身旁，在死神耳旁轻声说了一句话。

死神问："真的有用吗？"

上帝说："别担心，你试了就知道。"

死神半信半疑地来到那个雕刻家的房间，往四周看了看，说："先生，一切都非常的完美，只是我发现这里还有一点儿瑕疵。"

这个追求完美的雕刻家完全忘记了自己此刻的处境，立即跳了出来问："什么瑕疵?"

死神笑着说："哈哈，我终于抓到你了，这就是瑕疵——你无法忘记你自己，天堂都没有完美的东西，何况人间? 走吧，你的死亡时刻已经到了!"

你是不是也像这个雕刻家一样，事事追求完美? 你是不是总是要求自己在工作上做到尽善尽美? 你是不是会因为鼻子上有一个不用放大镜就看不到的斑点而不敢照镜子，甚至要去整容? 你是不是在等待一个完美的爱人? 你是不是一直渴望交一个没有任何缺点的朋友? 你是不是一心要找个待遇好、地位高，又很轻松的单位上班? 你是不是在比赛的时候，一定要赢，否则就不参加比赛? 别做梦了，你只是在浪费自己的时间。

如果你发现无论怎么努力，也不会让最后的成果有显著改善，那就别再过度在这项工作上花费精力了。当然，这不是让你故意偷懒或不尽力把事情做好，而是你的工作已做得不错，再花更多的时间在上面就是浪费了。对大多数的项目来说，做好95%~98%已经算相当好了。科幻小说作家阿西莫夫就说："我不是完美主义者，我再回头看自己所写的书时，一点儿也不会感到遗憾或担心。"

19世纪法国诗人穆塞特曾写下这段话："完美根本就不存在，了解这句话的人就等于了解人性智能的极致，期待拥有完美是人类最疯狂危险之举。"

上天是公平的，它赐予每个人以生命与死亡。上天是不公平的，它赐予每个人以使人羡慕乃至嫉妒的美德，同时也赐予使人抱憾、同情、扼腕等的种种缺陷。所以，不必苛求完美。

没有人不渴望完美，它看起来是那么美丽诱人，可是你也要清楚，它只是一个永远不可企及的目标、一个美丽的陷阱。

2. 做一个适度的"妥协主义"者

在人生中，无论是对待工作、事业，还是对待自己、他人，我们不妨做一个适度的妥协主义者，而不要做一个完美主义者。因为完美主义者有可能什么事情也没有做成，而妥协者会多多少少有些收获。

每个人身上都有或多或少的缺点。勇敢的人往往缺少智慧，聪明的人往往缺少勇气，豪爽的人往往心思过疏，谨慎的人往往怀疑过头，阳光性格的另一面必然是阴影……所以，我们应做一个适度的妥协主义者。

在我们的周围，有这样一些人，他们的智商很高，才智过人，工作能力也很不错，而且又非常勤奋，一工作起来常常什么都有可能忘了。但是，他们就是出不了什么成果，眼看着比他们在各方面都差一些的人成果累累，而他们却依旧默默无闻。

一般来讲，这种人都是"完美主义者"。

你可能要问："完美主义"不好吗？回答是：不好。如前所说，这些人之所以不能取得成绩，不能取得人生的成功，不是他们缺少能力，而是他们在做任何事情之前，无法克服自己追求完美的痴心与冲动。

他们想把事情做到尽善尽美，这当然是可取的，但他们在做一件事情之前，总是想使客观条件和自己的能力也达到尽善尽美的程度，然后才会去做。因而，这些人的人生始终处于一种等待的状态。他们没有做成一件事情，不是他们不想去做，而是他们一直在等待所有的条件成熟，于是，他们就在等待完美中度过了自己不够完美的人生。

马明就是一个追求完美的人。一天，他想写一篇某方面的论文，在开始写论文之前，他尝试了几种、十几种乃至几十种方案之后才动手去写。这么做当然是好的，因为他可能在比较之中找到一种最佳的方案。但是，在开始写的时候，他又发现他所选择的那种方案依然有些地方不够完美，多多少少还存在着一些错误和缺点。于是，他又将这种方案重新搁置起来，继续去寻找他认为的"绝对完美"的新方案，最后，将这一论文放下，又去想别的事情了。最终，那篇论文也没能完成。

实际上，天下没有什么东西是"绝对完美"的，要找到这种东西是不可能的。结果他们的一生往往都在寻找的烦恼中度过，什么事情也没能做成。

如果你不相信这一点，可以试着从你的人生档案中找出自己拖延着没有做的事情、没有完成的项目或者课题。这样的事情你可能也会找出一大堆：搬了新家，窗帘还没有装，所以没有请朋友来家里玩；现价30元的股票原想等掉到5元再买，但它一直掉不到5元，等等。

归纳一下你会发现，你一直在等待所谓的条件完全具备，你好将它做得尽善尽美。可是，你会发现同样的事情，有些人的方案或者条件还不如你的成熟，但他们的成果已经问世，或者已经赚了一大笔钱，而造成这种状况的原因就是你也患上了"完美主义"的毛病。

这就可以解释，为什么会有那么多表面看起来相当精明能干的人，到头来却一事无成，在人生的道路上坎坷颇多，进退维谷。

在人生中，无论是对待工作、事业，还是对待自己、他人，我们不妨做一个适度的妥协主义者，而不要做一个完美主义者。因为完美主义者有可能什么事情也没有做成，而妥协者却会多多少少有些进展。

3. 不接受不完美的遗憾，就没有美满的婚姻

婚姻也会充满不完美。大多数男女在互赠婚戒的那一刻，心中欣喜不已，以为自己的婚姻肯定会是圆满的，但后来，很多在结婚前没有预想过的不完美，一样样地呈现出来，让人措手不及。

玲是一个各方面条件都不错的女白领，可谁也没有想到，她已经有了三次婚姻失败的经历。情感上的屡受波折和打击，使她痛苦不堪："究竟是我选错了结婚的对象，还是我根本不适合结婚？"

玲自认为挑选伴侣还是十分慎重的。28岁那年，她与一个年龄比自己小几岁，但却真诚正直的男孩子结了婚。曾经一度，玲为找到这样一个心地纯真、能一心一意爱她的伴侣感到庆幸，然而好景不长，随着玲职位高升，社交变得频繁，她渐渐觉得老带着这么一个小孩似的老公在身边十分尴尬。出席正式场合，他也穿着廉价、随意的T恤牛仔，加上他既性格内向，不懂应酬，又只是个小职员，玲渐渐觉得十分丢脸。老公则不以为然，下班回来还是只知道玩游戏而不做改变。玲想：如此没有进取心，双方差距一定会越来越大，怎能托付终身？玲离婚了。

玲的第二次婚姻，她选择了一个年龄略大、事业有成的成熟男性。老公将玲和玲的家人都安排得很好，但玲的满意也没能维持多久。每当玲劳心劳力工作了一天，晚上回家期望享受一下家庭温暖、休憩疲惫的身心时，老公却常常应酬在外，家里冷冷清清。玲想：这和没结婚有什么区别？我也是职业女性，钱我自己可以赚，社会地位我自己可以争取，你事业再成功我又不靠你，可寂寞难耐的滋味只有我自己品尝。玲又离了婚。

最后一次玲牢记要坚守"门当户对"的原则，找了个和她年龄、收入、文化程度都相当的老公，他也是一家公司的中层管理人员。两个人因为经历相似，很有共同语言，于是玲满怀信心地欣然结婚。然而时间一长，玲又觉得他话太多，每晚回家都要絮絮叨叨地抱怨工作辛苦，公司里的人事斗争阴险惨烈，如此等等，听得玲耳朵起老茧，想安心听听音乐、看看电视都不得清静，气恼之余玲常常打断他的话，还忍不住要讽刺他几句。于是两人矛盾渐多，争吵不断，婚姻又陷入了危机。玲迷茫了："难道现代人已丧失了营建幸福婚姻的能力？"

从玲的三次婚姻我们不难看出，在结婚这件事情上，虽然每个人的心理需求复杂多样，但只要是自愿选择的伴侣，往往是满足了我们某些重要的需求的，可以忽略其他比较次要的需求。正因为如此，我们才会在刚开始时心满意足，沉浸在爱河中，觉得对方十全十美。可是激情总要淡下来，婚后的我们会意外地发现，已满足的需求变得微不足道，另一些需求依然空白着，未被满足的需求日益凸显，渐渐膨胀，因此会觉得对方越来越不完美。于是这些不完美变成了遗憾，不少人不禁惊呼：结错了婚，找错了人！

于是，很多人会盲目追寻一个能满足他所有需求使其不留遗憾的对象，岂料这样的人根本不存在于这个世界上。

一位男士来到一家婚姻介绍所，进了大门后，迎面又见两扇小门：一扇写着"美丽"的；另一扇写着"不太美丽"的。男人推开"美丽"的门，迎面又是两扇门：一扇写着"年轻"的；另一扇写着"不太年轻"的。男人推开"年轻"的门——这样一路走下去，男人先后推开九道门，当他来到最后一道门时，门上写着一行字：您追求得过于完美了，到天上去找吧！

其实，完美无缺的婚姻只存在于恋爱时的遐想里。像玲这样的婚姻屡败者正是因为她固守着这个追求完美的理想，才与幸福的婚姻失之交臂。所有的幸运和幸福不可能都降在一个人身上，有爱情的人不一定有金钱；有金钱的人不一定有快乐；有快乐的人不一定有健康；有健康的不一定有激情……向往和追求美满精致的婚姻，就像要求花园里所有的花全在一个清晨怒放，那是不可能的。

所以，要想有幸福的婚姻，首先要接纳对方的缺点，接纳婚姻的缺憾。完美的婚姻对象只存在于童话中，现实中的伴侣不可能完美。要不断发掘和感受对方身上哪怕是一些小小的优点，常怀惊喜和感激之情。更重要的是，不要老是诉求自己的需要，还要多想想对方的需要。

"世间丈夫彼此间的差异微乎其微，所以你还是将就留着第一个吧！"在美国，阿黛尔·罗杰斯·约翰斯算是个著名人物，因为她结婚、离婚达5次之多，最后，她用这句话来给自己的婚姻历程做了简短概括。阿德勒也说："幸福婚姻的最高原则，是自始至终把对方的利益置于自己的利益之上。"

4. 不完美正是自己的独特之处

欣赏自己，不是鄙视别人的狂妄自大，而是源于对自己生命的珍视和热爱；欣赏自己，不是让自己成为"井底之蛙"，而是让自己抛弃浮躁后更成熟地走向远方。

孔雀来到天后赫拉的面前，它抱怨自己的嗓音沙哑难听："您看，夜莺的歌声总是可以深深地打动人心，得到众人的喜爱。可是我一开口，群鸟就会嘲笑我，这太不公平了！"

天后赫拉听到孔雀的这一番话后，安慰它说："你的嗓音不好，但你的身姿与容貌却是出类拔萃的，别忘了你在开屏的时候羽毛有多么华丽富贵、多么光彩照人，人们也把孔雀开屏视为一大美景呢！"

孔雀依然不满意："既然我的歌声不如他人，这种无言的美丽对我而言又有什么用呢？"

赫拉有点儿不高兴了，它斥责孔雀："每个人都有自己的命运，这是命运之神安排的。她安排了你的美丽，夜莺的歌唱，也安排了老鹰的力量和乌鸦的凶兆。所有的鸟类都应当对神赋予它们的东西感到满意。"

面对天后的斥责，孔雀止住了自己的抱怨。

世界上的任何事物都不可能十全十美，任何人都有着专属于自己的精彩。孔雀的美丽是令人艳羡的，而它却不停地抱怨自己没有优美的歌喉，忽略了自己拥有的东西。现实生活中，很多人也在重复着孔雀的抱怨。

一个人如果想获得真正的成功和自由，就必须植根于自己的独特个性。忽视自己的个性或故意抹杀自己的个性，终将一事无成。因此，千万不要亦步亦趋地效仿别人，舍弃自己。在前进的道路上，无论发生了什么事情或者将要发生什么，请记住一点：我们从来不会失去自己作为一个人的价值，没有什么能够拿走它。

懂得欣赏自己是一个人奋发向上、继续努力的无穷动力。人常说：求人不如求己。因此，最简单的让自己快乐起来的方法就是学会自我欣赏，适当地自我宽容、自我鼓励，从点点滴滴的自我完善中获得快乐。欣赏自己的人是自信的人，欣赏自己的人总是带着同样欣赏的目光去欣赏别人，只是欣赏，而不是崇拜或者羡慕。于是，很容易使别人的优点变成自己的优点。欣赏自己的人也是更会学习的人。美国著名的音乐家麦克约瑟说："你与自己的心交流，要赞美它，让它感到你对它的赏识，那时候它才向你释放灵感。"是的，我们只有欣赏自己，才能充分发挥自己的潜能。与其站在那里眺望别人的背影，不如坐下来静静地想一想自己走过的每一个坚实的脚印，只要努力寻找，就会发现自己的生活中亦有许多值得骄傲的地方。

伟大的推销员乔·吉拉德通常都会在衣服上佩戴一个金色的"1"字。曾经有人问他："因为你是世界上最伟大的推销员吗？"他回答说："不是的。我是我生命中最伟大的！"

乔·吉拉德一直认为，这个世界上没有人会比自身更伟大，自己就是自己最大的财富，自己的声音与气息都是与众不同的。其实，他的这种自我肯定的坚定信念来源于他的生活经历。

在乔·吉拉德35岁的时候，他还是一个彻头彻尾的穷光蛋，他甚至连自己的妻子与孩子的生活问题都很难解决。但是，偶然的一次演讲会却改变了他的命运。

在演讲会上，一个演讲者拿出一张崭新的10美元钞票，向坐在前排的乔·吉拉德问道："你想得到这10美元吗？"乔·吉拉德当即就举起了手臂说："想要！"

演讲者又说："我会将这10美元给你的。但是在给你之前我一定要将之弄一下。"说着，演讲者就把那张钞票揉皱了，接着问乔·吉拉德："你还想要吗？"

乔·吉拉德又一次高举起了手臂，并坚定地说道："要！"

"好吧，"演讲者继续道，"我要是这样弄它呢？"当演讲者将那张钞票丢在地上，用脚使劲儿地踩过后，将它再次捡起来，它已经变得又皱又脏了。

"现在你还要吗？"演讲者又问他。乔·吉拉德仍然坚定地举起了自己的手臂，大声地说："要！"

"好啦，不管我如何虐待这张钞票，你仍然还想要。因为你也知道它虽然表面上看上去很惨，但是它的价值却没有减损，它依然还是10美元！"演讲者对他说。

乔·吉拉德当即就明白了，充分认识到了"自己"这个最大的宝库，从此开始，他就不停地向成功靠近，最终成为"世界上最伟大的推销员"之一。

学会欣赏自己、包容自己，就是要学会欣赏自己的开朗自信、欣赏自己的聪慧大方、欣赏自己的平凡普通、欣赏自己的独一无二。生活中，或许有不少人会值得自己欣赏，但是最应该欣赏的还是自己。

的确，每个人都是独一无二的。这个独特的"自己"既有优点，也有不足。一个人只有充分地自我接纳，懂得欣赏自己、包容自己，才能自信地与人交往、出色地发挥自己的才能和潜力。假如一个人不懂得欣赏自己、包容自己，总是以怀疑的、否定的态度看待自己，就有可能限制甚至扼杀自己的创造力。事实上，在我们的身边因为自卑自怜、自暴自弃等各种心理原因而造成的悲剧事例已经太多，不但给家人造成痛苦，而且给社会造成损失。当然，就更别说怎样赢得别人的欣赏和肯定了。

欣赏自己并不是傲视一切的孤芳自赏，也不是唯我独尊的狂妄不羁。因为它不需要大动干戈的气势，也不需要改头换面，它只属于一种醒悟，一种面对困难时的自信、一种推动自己向挫折挑战的动力。

学会欣赏自己，就是在无人为我们鼓掌的时候，给自己一个鼓励；在无人为我们拭泪的时候，给自己一些安慰；在我们自惭形秽的时候，给自己一片空间、一份自信。然后抖落昨日的疲惫与无奈，忘记昨日的伤痛和泪水，去迎接明天崭新的朝阳……只有学会自我欣赏、自我品评，学会在无人喝彩时能照样前行，而且行得更好，才能肯定自己、相信自己、欣赏自己，体会到属于自己的那份幸福。

学会欣赏自己，你会发现生活是如此美好；欣赏自己，你会感受到命运的公正无私；欣赏自己，你会体味到前进中的幸福快乐；欣赏自己，你会把握好自己的人生；欣赏自己，你定会抵达成功的彼岸。

5. 完美不能苛求，但可以无限接近

很多人说，我们一生都在追求完美。其实，我们一生都在完善不完美。完美的人在悼词里，完美的爱情在小说里，完美的人生在理想国度里，而现实中的完美在完善不完美的体验里。

"士别三日，当刮目相看"，讲述的是三国时期著名的将领——吕蒙。他曾经跟随孙权转战江南各地，任横野中郎将。后随周瑜参加赤壁大战，之后又定计攻取蜀国的荆州，擒得关羽。这样一位智勇双全的虎将，曾经却是个没怎么读过书的人。吕蒙小的时候，家里比较贫穷，一直都没什么机会读书，长大以后跟着孙权带兵打仗，更没有时间读书了。

吴主孙权虽然也喜欢带兵打仗，但却是一个文学水平很高的人。他是文武全才，在他的治理下，吴国的国力得到了很大的发展。他觉得像吕蒙这样的聪明人就应该多看一些书。有一次，孙权和吕蒙、蒋钦（东吴将军）聊天时说："你们现在不带兵打仗，而是掌管政事，所以只会指挥应战是不行的，应该勤学多问才能增长知识。"吕蒙说："军营里事

务太多，恐怕不允许我再读书了。"孙权说："我难道想让你学习经书当书生吗？不过是让你从书里增长见识罢了。你说你事务多，你跟我比，谁事务更多？我小时候读过一些书，主管东吴大事以来，又读了些书，我觉得大有收获。像你们二位，为人聪明，悟性也好，学什么一学就会，怎么能不读书呢？应该立即就读《孙子》《六韬》《左传》《国语》以及其他史书。"

在孙权的谆谆教诲下，吕蒙开始学习，而且非常用功。有一次，军师鲁肃领兵经过吕蒙驻地，认为吕蒙是个大老粗，不屑去看他。有个部下建议说："吕将军进步很快，不能用老眼光看他，还是去一趟吧！"鲁肃一听，也想看看吕蒙究竟有什么变化，就前去看望，吕蒙设宴招待。席上，吕蒙问："军师这次接受重任，和蜀国大将关羽为邻，不知有何打算？"鲁肃答道："兵来将挡，水来土掩，到时再说吧！"吕蒙听了，婉言批评说："现在吴蜀虽然结盟联好，但关羽性同猛虎，怀有野心，我们应该早定战略，绝不能仓促从事啊！"说着就为鲁肃筹划了五项策略。鲁肃听了，心中折服，就拍着吕蒙的背亲切地说："我总以为老弟只会打仗，没想到学识与谋略也日渐精进，如今你学识渊博，不再是当年的吴下阿蒙了。"

人总是不完美的，但我们应该一直坚持完善自己的不完美。就像吕蒙一样，努力不断完善自己，让自己再次出现在别人面前的时候，是一个全新的面貌。

缺憾不是上帝用来捕捉你的陷阱，完美才是上帝为你准备的牢房。一旦进入上帝为你准备好的这个牢房，一切烦恼即会随即入住，时时纠缠你。只有当你能够接受现实的不完美，当你为缺憾而心存感激时，你才能逃脱那个牢笼，脱离那些烦恼。

可以说，追求完美是人的共性。但只懂得一味求全责备，就很容易走

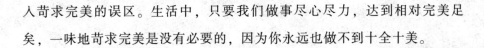

入苛求完美的误区。生活中，只要我们做事尽心尽力，达到相对完美足矣，一味地苛求完美是没有必要的，因为你永远也做不到十全十美。

从他出生的那一刻起，他便不知道父母是谁，后来幸运地被一对大学教授夫妇收养。2岁的时候，他身体发生了状况：突然停止了长高，而且他的健康状况也越来越差。经过专家会诊，他患的是一种罕见的阻碍消化和吸收食物营养的疾病，医生们认为他只能再活3个月。还好，通过静脉注射营养液，他勉强恢复了体力，活了下来，但是他的生长发育受到了抑制。

在他的童年岁月里，记忆一直离不开医院和病床。直到10岁那年，他第一次真正走出医院，像正常人一样生活。不过，周围的孩子们总嘲笑他，并且给他取了一个"花生豆"的外号。

多年以后，他回忆道："看到那些发育正常的孩子，我就梦想在体育上能取得一些成功。"有时，他的姐姐琳达会去滑冰场滑冰，他总是跟着一起去。他站在场外，那么虚弱瘦小、发育不良，鼻子里还插了一根通到胃里的鼻饲管。

一天，他看着姐姐在冰面上飞驰，突然萌生出一种冲动，他突然转身对父母说："我想试试滑冰。"两个正在谈话的大人吓了一跳，他们无法相信这个病弱的孩子能滑冰。结果，在他失败了20多次后，他竟真的学会了滑冰。他感觉自己在滑冰之中找到了乐趣，他可以胜过别人，最重要的是在滑冰场上，没有人会在意你的身高和体重。

奇迹接连发生了，在第二年的健康检查中，医生发现他竟然又开始长个儿了。虽然对他来说，要长成正常人的高度已经是不可能了，但是他和他的家人都不在乎。重要的是他正在恢复健康，正在获得成功，正在实现自己的梦想。

后来，没有任何一个孩子再戏弄他了。相反，他们全都冲上前去请他签名。"他刚刚又参加了一次令人赞叹的世界职业滑冰巡回赛，一系列高难度的冰上动作让观众如痴如狂。"新闻报道中，他滑冰的模样简直像个英雄。

现在，虽然他已经不再是职业滑冰选手了，但是他仍旧是冬季运动中受人尊敬的教练和评论员。这个滑冰场上的英雄就是获得过奥运滑冰冠军的斯科特·汉密尔顿：一个即使失败多次，依然能重拾自信取得成功的真正的英雄。

追求完美的意念是可取的，虽然不能让我们达到真正意义上的完美，却让我们从另一种方式中得到了"完美"。盲目地将所有的精力投放在不切合实际的事务上，是一种无知，是一种浪费。生活中，我们不论对待工作、事业，还是对待自己、他人，不妨做一个适度的妥协主义者，而不做一个苛求完美的完美主义者。

生活中恰恰有很多这样的人，他们苛求完美，以致白白浪费掉人生中很多大好时光。人们常常为了坚持完美而丢掉很多原本可以拥有的东西，最终既不能拥有完美，也不能找回当初因坚持完美而丢掉的东西。对完美的追求本无可厚非，但要明白，这种完美的愿望一般情况下是不可能实现的。"白玉无瑕"是幻想，是痴人说梦，"瑕不掩瑜"才是一个追求完美的人应该拥有的心态。拥有这样的心态，起码不会让你在追求完美的过程中迷失自己，起码能让你懂得人生就是一个不断完善不完美的过程。

6. 如若完美，何须奋斗

我们需要清楚一个问题，奋斗的目的是什么。这是一个很奇怪的问题，可能有很多人会回答，奋斗的目的就是成功啊。可是，成功意味着什么呢？是财富、名誉或地位？其实，我们奋斗的目标是一个自我心中或他人心中的相对"完美"的形象。当我们对自己满意了，奋斗的脚步就停止了。如果一个人先天就完美，那么他还有奋斗的必要吗？

日本一家熟食加工厂的总裁山中康夫先生，曾经是一个连自己的名字都不会写的校工，月薪只有500日元。尽管他十分满足，很认真地干了几十年，可是，就在他快要退休时，新上任的校长以他不识字为理由，将他辞退了。

几经争取无效后，山中康夫恋恋不舍地离开了学校。这天他又像往常一样，去为自己的晚餐买半磅香肠。快到食品店门前时，他猛地一拍额头——食品店的老板娘去世了，她的食品店已关门多时了。"真是倒霉，附近街区竟然没有第二家卖香肠的。"刚刚受到失业打击的山中康夫，情绪坏到了极点。忽然，一个崭新的念头在他的脑海闪现——为什么我不自己开家专卖香肠的小店呢？山中康夫立刻兴奋起来，很快拿出自己仅有的一点儿积蓄接手了这家小店，专门经营起香肠来。

5年后，山中康夫成了名声显赫的熟食加工公司的总裁。当年辞退他的校长十分敬佩地打电话称赞他："虽然您没有受过正规的学校教育，却拥有如此成功的事业，实在是太了不起了。"

山中康夫答道："那得感谢你当初辞退了我，让我摔了个跟头后，才

113

认识到自己还能干更多的事情。否则，我现在肯定还只是一位月薪500日元的校工。"

假如我们不能接受现实的不完美，经受不住现实的考验，听任命运摆布，很可能老死窗下。但反过来，假如我们懂得接纳生活的不完美，懂得战胜生活当中的种种困难，那么很可能就是一个成功的人、一个拥有幸福人生的人。

武田信玄是日本战国时代最懂得作战的人，连织田信长也相当怕他，所以在信玄有生之年，他们几乎不曾交战。

而信玄对胜败的看法相当有趣，他的看法是：作战的胜利，胜之五分是为上，胜之七分是为中，胜之十分是为下。这和完美主义者的想法是完全相反的。他的家臣问他是为什么，他说胜之五分可以激励自己再接再厉，胜之七分将会懈怠，而胜之十分就会生出骄气。连信玄的死对头上杉彬也赞同他这种说法。据说上杉彬曾说过这么一句话：我之所以不及信玄，就在这一点上。

实际上，信玄一直实行着胜敌六七分的方针。所以他从16岁开始，打了38年的仗，从来就没有败过一次。而自己所攻下的领地与城池，也从未被夺回去过。将信玄的这个想法奉为圭桌的是德川家康。如果没有信玄这个非完美主义者的话，德川家族三百年的历史也不一定存在。要记住，不能容忍不完美，只会给你的人生带来痛苦而已。

通过实行不完美战术，武田信玄成为了战场上的常胜将军。我们应当记住，不能容忍不完美只会给我们的人生带来痛苦和更多的烦恼，相反，如果我们能接纳不完美，我们就能在不完美中奋斗，进而拥有自己的成功。

在生活当中，我们每个人都希望有一个完美的生活，希望自己生活在没有缺憾的天堂里。但我们是否这样想过，如果生活是完美的，或者说如果有一天我们变得完美了，那么我们接下来做什么？我们应该知道，正是生活的不完美、世界的不完美、人生的不完美，才给了我们前进的动力。

我们越是研究那些有成就者的奋斗经历，就越是深刻地感觉到，他们之中有非常多的人之所以这样而不是那样，是因为他们虽然有一些会阻碍他们发展的缺陷，他们因此却加倍地努力而得到更多的报偿。正如威廉·詹姆斯所说："我们的缺陷对我们有意外的帮助。"

他出生在马里兰州，他的祖先来自澳大利亚。他的父母是老实巴交的农民。在家里，他排行老三。

因为家境不好，父亲很早就打算让他辍学，但遭到了两个姐姐的强烈反对。在他的记忆中，那次两个姐姐和父亲吵得很厉害，大姐甚至一度提出自己来资助弟弟读书，但最终仍没有得到父亲的同意。

虽然吃的是咸菜白饭，但他的身高已超过很多同龄人，这让他感到很烦恼。细心的姐姐发现了这一变化，认为他将是罕见的游泳天才。于是她想方设法弄了一些游泳方面的杂志给他看，并利用闲暇给他讲解相关知识。在姐姐的影响下，他对游泳变得近乎痴迷起来。

当他把立志做一名游泳运动员的想法告诉父亲时，却遭到父亲的强烈反对。原因是他的两个姐姐已经是游泳运动员了，巨大的开销早就让这个贫困的家庭感受到前所未有的压力，在经济低迷的时候，父亲不得不靠卖血来维持家用。父亲当场就给了他一巴掌，冷笑着说："你这个傻瓜，你知道白痴是怎么出来的吗？就是像你这样想出来的，游泳？你以为人人都是天才，别做梦了！"

然而他并不甘心做一个碌碌无为的人。在姐姐的指导下，他总能轻松学会他人很难掌握的技巧，他11岁那年，姐姐把他推荐给了鲍曼教练。

鲍曼看了他在水池里杰出的表现后，迫不及待地赶到他的家里，对他的父母说："你的儿子天赋极佳，他的潜力是无限的，让他跟我吧。"同样的话语，父亲听过很多次了。这一年，父亲成了一名警察，母亲也当了老师。因为经济条件的改善，父亲没再拒绝教练的请求。

经过坚持不懈的努力，他终于将自己的理想变成了现实。2001年，他打破了200米蝶泳世界纪录，成为最年轻的世界纪录保持者，并赢得了"神童"的美誉。2003年，他接连5次打破世界纪录，被评为年度世界最佳男子游泳运动员。2007年，在墨尔本世锦赛上，他更是独揽7金，被人称为世界泳坛上的"一哥"。

2008年8月10日，在北京奥运会的比赛中，他轻松获得男子400米混合泳的冠军，并再次打破这个比赛的世界纪录。

他就是菲尔普斯。2008年，他带着一家人开始了环球旅行，最后一站就是长城。想起童年的往事，他感慨万千。他站在城墙上对父亲说："亲爱的爸爸，还记得小时候你经常嘲笑我不要痴人做梦，但你的儿子很争气，不但成了世界冠军，也实现了当时立下环球旅行的誓言。"父亲紧紧地拥抱着他，热泪盈眶。

2008年，菲尔普斯用8枚奥运金牌告诉我们：许多时候，上天安排的厄运并非故事的结局，以你的努力作笔，你完全可以改写。

的确如此，只要会利用，缺陷也会变成有利条件，关键是我们采取什么样的态度和方法。命运给我们的暗示也许正是这样：你认为你是什么样的人，你就会成为什么样的人。

人虽然存在着很多的不完美，但我们可以选择走出不完美，然后奋斗，而不是整天在不完美中唉声叹气。生命之所以让我们珍惜，让我们觉得来之不易，是因为它的不完美和缺陷。正因为世界存在种种的不完美，我们的人生才会多彩多样，才会有意义，我们也才会有奋斗的目标。

第六章

"高帽"害人，当心被"捧杀"了还不自知

虚荣心不少人都有，溢美之词人人都爱，但是切不可戴着别人给的"高帽子"飘飘然不知所以。要知道，在你保持头脑清醒和冷静的时候，别人的赞美是激励你再接再厉的正能量；而一旦你的心被那些赞美声融化，你的眼睛被那些恭维蒙蔽，那么你就会失去理智，迷失自己，甚至被那些不怀好意的善于溜须拍马、阿谀奉承的人所利用而不知。

1. 不要在别人给的荣耀里忘乎所以

当一个人获得某种荣耀的时候，高兴的心情自然不用多说，但是当我们手捧着鲜花，听着别人的溢美之词的时候，一定要控制自己高兴的情绪，不能忘乎所以。要知道那些荣耀都是别人给的。

古人曰："水能载舟，亦能覆舟。"

范进将一生的精力用于科举考试，虽然屡遭挫败，仍对科举寄望甚深，直到54岁才中秀才。后来他打算去应乡试，却被胡屠户奚落，叫他死心，但他宁可家人挨饿也要再去应考。及至中举，他竟然欢喜得发了疯。如果人人都像范进，得了荣耀就喜得不省人事，岂不悲哀？

有这样一个寓言故事：

一只猫在主人准备好的食物面前美美地饱餐了一顿，顾不上洗脸，鼻子上还沾着奶油，就打了个哈欠，伸了个懒腰，呼呼睡着了。这时一只饥肠辘辘的老鼠，嗅到了奶油的香味，它实在是太饿了，以致都没有看清这正是自己的天敌，莽莽撞撞张开嘴就咬。

"哎哟！"一声惨叫，被疼痛惊醒的猫，一时也没弄清是怎么回事，还以为是主人看自己在睡懒觉而教训自己呢，叫了一声就逃之夭夭了。

消息传开，这位莽撞的老鼠在整个鼠国很快就家喻户晓了，它被同伴们视为无畏的勇士，于是它便成了鼠类的骄傲。

"您为我们出了一口气，以前只有我们见猫逃的事，今天竟然是猫逃走了。在我们鼠类历史上这还是第一次，您将永垂史册。"鼠国的所有成员都对它赞不绝口。从此，无论这位"英雄"走到哪里，哪里都有鲜花和欢呼围绕，还有漂亮的鼠小姐们对它频送秋波，脉脉含情。就这样，这位"英雄"也慢慢相信自己真的是猫的克星，不知不觉变得趾高气扬起来。

谁知没过多长时间，这只鼠勇士又碰上了那只猫，它暗自高兴，这次又可以大显身手了，再给猫一个重创，抓瞎它的眼睛，用更大的胜利赢得更高的荣誉与尊敬。可是它怎么也没料到，自己哪里是猫的对手。这次猫看到它不仅没有逃走，而且主动进攻，要不是它逃得快，命都没了，但是它的尾巴还是被咬掉了半截，身体也受了伤。

这倒霉的消息不胫而走，又轰动了整个鼠国。这次大家不是用鲜花和欢呼迎接它，取而代之的却是铺天盖地的咒骂和唾沫："懦夫！小丑！真是丢脸！"往日的英雄再没有人理睬，别说鼠小姐们的青睐，它就连走路也得藏着半截尾巴，低着脑袋了。

获得荣耀的确是人生的大喜事，但我们不能在这份荣耀里忘乎所以，以致无法驾驭自己的情绪，最后输得一败涂地。

秋天来了，树上的叶子一天比一天稀少，天气也逐渐凉下来。一只蝙蝠在树的周围边哭边飞。鸟中之王——鹰看见了它。

"你为什么哭啊？"老鹰问道。

"因为我冷。"

"为什么别的鸟儿不哭呢？"

"它们不冷，因为它们都有羽毛。可是我连一根羽毛也没有。"

老鹰考虑了一下，觉得蝙蝠一片羽毛也没有，确实可怜，于是就让所有的鸟儿各给蝙蝠一片羽毛。蝙蝠有了各种鸟儿的羽毛后，变得漂亮极了，每片羽毛颜色都不一样。蝙蝠把翅膀张开，真叫人眼花缭乱。

蝙蝠因为有了这五彩缤纷的羽毛而骄傲起来，每天都盯着自己的羽毛，不理睬别的鸟儿。它老是欣赏自己的羽毛，自我陶醉着：瞧我多漂亮！其他鸟儿都飞到老鹰那里去，愤愤不平，向它告状说蝙蝠因为有我们给它的羽毛而自夸，却跟我们连话都不愿意说。于是老鹰把蝙蝠叫了来。

"蝙蝠！所有的鸟儿都在告你的状！"老鹰对它说，"听说你拿它们的羽毛来自夸，骄傲得连话都不愿同它们说了，是真的吗？"

蝙蝠说："它们那是妒忌，因为我比它们漂亮得多。你瞧一瞧，自己判断吧！"蝙蝠张开两扇翅膀，的确很美丽。"那么好吧！"老鹰说，"如今让每只鸟儿把原来给你的那片羽毛收回去，既然你这么漂亮，就用不着要别人的羽毛了。"

所有的鸟儿都扑向蝙蝠，把自己的那片羽毛取了回来。蝙蝠变得跟原来一样光秃秃的，它感到羞耻，也感到自己太丑了。所以从这个时候起，它老是害羞，总是夜间才飞出来，免得别的鸟儿看见它。

没有自知之明的人，一味地炫耀自己侥幸得到的荣耀，只能吞咽失败的苦果。对于一些虚无缥缈的东西，哪怕真正是自己获得的荣誉，也最好放在内心自己欣赏，而绝不可当众夸耀。那些荣誉都是别人给你的，别人既然能给你，也就能够收回。所以，不要在别人给的荣耀里不思进取，这不仅是一种缺乏修养的表现，更是处世做人的一大忌讳。

人生要攀登无数座高峰，获得一种荣耀就意味着我们胜利攀登上了一座高峰。但我们不能醉心于此而沾沾自喜、忘乎所以，以致不能自拔，而是应该把理性的目光投向下一座高峰，去迎接新的挑战！

2. 别成为"捧杀"的牺牲品

在生活中，当我们被别人追捧、过度赞扬的时候，要考虑到别人拍自己马屁的因素是多方面的：因为爱，就会有偏袒；因为害怕，就会有不顾事实的讨好；因为有求于人，便会有虚夸。所以，我们必须在一片赞扬声中，保持足够清醒的头脑。

通常情况下，人在称赞别人时，有时是没有什么用意的，但有时却是别有居心。别有居心的人，可能就是为了亲近对方。受人赞美时不能乐昏了头，而应在赞美声里领悟对方的用意，以免上当受骗。过多的甜言蜜语犹如高利贷，听得越多，信得越切，持续得越久，越要付出昂贵的代价。

一只狐狸正在找食物，找了很久也没找到，这时它在河边碰上了一只仙鹤。狐狸脑子一转，计上心来，换了一副笑脸对仙鹤说："早安，聪明的仙鹤，近来您的身体好吗？"

"很好，谢谢您！狐狸先生，您有什么事吗？"仙鹤很高兴地说。狐狸凑近一点说："我有些问题想请教您。如果风从北边吹来，您的头朝什么方向转？""当然是朝南面转啦。"

"如果风从西面吹来，您的头朝什么方向转？"

"朝东。"

"怪不得连人类都夸您聪明呢，要我说您一定是世界上最聪明的动物！"

仙鹤已经有些扬扬得意了。狐狸又悄悄地向前靠近了一点儿问："如果风从四面八方刮来，那该怎么办呢？"

此时仙鹤已经忘记了站在身边的是狐狸，得意地说："那我就把头伸进翅膀里去——像这样。"愚蠢的仙鹤边说边把头藏进翅膀下面以示范给狐狸看，可是没等它再把头露出来，狐狸"刷"地往前一扑，狠狠地咬住了仙鹤的脖子。

狐狸只凭几句好听话就把仙鹤骗成了口里的美餐，要怪也只能怪仙鹤对奉承话太过相信了。生活中，我们也会常常听到赞美声，无论是真诚的还是别有用心的，都应该控制自己保持冷静和清醒的头脑，以免成为别人赞美声中的牺牲品。

欧洲有位著名的女高音歌唱家，30岁便已享誉全球，而且也已经有了美满的家庭。有一年，她到邻国开一场个人演唱会，这场音乐会的门票早在一年前就已经被抢购一空。

表演结束之后，歌唱家和她的丈夫、儿子从剧场里走了出来，只见堵在门口的歌迷们一下子全涌了上来，将他们团团围住。每个人都热烈地呼喊着歌唱家的名字，其中不乏赞美与羡慕的话。

有人恭维歌唱家大学一毕业就开始走红了，而且年纪轻轻便进入国家级的歌剧院，成为剧院里最重要的演员；还有人恭维歌唱家，说她25岁时就被评为世界十大女高音歌唱家之一；也有人恭维歌唱家有个腰缠万贯的大公司老板做丈夫，还生了这么一个活泼可爱的小男孩，真是天底下最幸福的女人……歌唱家只是微笑着聆听，没有任何回应。

直到人们把话说完后，她才缓缓地开口说："首先，我要谢谢大家对我和我家人的赞美，我很开心能够与你们分享快乐。只是，我必须坦白告诉大家，其实，你们只看到我们风光的一面，我们还有另外一些不为人知的地方。那就是，你们所夸奖的这个充满笑容的男孩，很不幸他是个不会说话的可怜孩子。此外，他还有一个姐姐，是个需要长年关在铁窗里的精神分裂症患者。"

歌唱家勇敢地说出这一席话，所有人震惊得说不出话来，大家你看看我，我看看你，似乎难以接受这个事实。

我们不能不为这位歌唱家的理智和清醒喝彩！

有多少人曾经在一片赞扬声中，迷惑了双眼，最终导致了失败。

金溪县有个叫方仲永的人，他家世世代代以种田为业。方仲永长到5岁时便能作诗，并且诗的文采和寓意都很精妙，值得玩味。县里的人对此感到很惊讶，慢慢地都对他的父亲高看一眼，有的还拿钱给他们。他父亲认为这样有利可图，便每天拉着方仲永四处拜见县里有名望的人，表演、作诗，却不让他学习。到最后，方仲永已与众人无异。他的聪明才智最终被完全"捧杀"了。

世界上越是伟大的人物，越能够清楚地认识自己的成功，对待他人的赞美，往往是谦虚理智的，有的甚至还很反感别人的赞扬。

在第二次世界大战中，丘吉尔为保家卫国立下卓越功勋。战后在他退位时，英国国会通过提案，要塑造一尊他的铜像置于公园，令众人景仰。一般人享此殊荣高兴还来不及，丘吉尔却一口回绝，他说："多谢大家的好意，我怕鸟儿喜欢在我的铜像上拉粪，还是请免了吧。"

牛顿，杰出的学者、现代科学的奠基人，发现了万有引力定律，建立了经典力学基础的牛顿运动定律，出版了《光学》一书，确定了冷却定律，创制了反射望远镜，还是微积分学的创始人……功绩显赫，光彩照人，可当听到朋友们赞扬他的时候，他却说："不要那么说，我不知道世人会怎么看我。不过我自己觉得我好像是一个孩子在海边玩耍的时候，偶尔拾到几只光亮的贝壳。但对于真正的知识大海，我还没有发现呢。"

有这样谦逊好学、永不满足的精神，牛顿的成功是必然的。古今成大事业、大学问者，正是因为有了能够正确对待他人赞扬的态度和谦逊好学的精神，才到达人生的光辉顶点的。

爱听赞美话就像是人身上的一根软肋，最容易被人利用。在你保持头脑清醒和冷静的时候，别人的赞美是对你的赞同、支持和信任，能给你再接再厉的能量，给你不断攀登的力量，战胜困难的信心和勇气。一旦你的心被那些赞美声融化，你的眼睛被其蒙蔽，那么你就会和"方仲永"一样，成为别人"捧杀"的可怜可悲的牺牲品。

3. 保持客观的判断力，听出赞美的虚实

人人都喜欢别人赞美自己，于是有的人就利用人们的这一心理，布下了一个甜美的陷阱，他们奖励你的错误，赞美你的缺点，对你的一切行为都不加选择地赞美，很多人因沉浸在甜言蜜语里而迷失了自己。

每个人都喜欢被赞美，然而，在这么多歌功颂德的赞美词里，我们是否能认清哪些是发自真心？还是大多数都只是些客套话？

《莫斯科时报》曾刊登一则报道，透露了一则趣事。

报道里提到，有一年，时任俄罗斯总统叶利钦决定，这年夏天要在邻

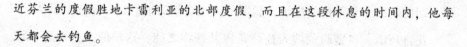

近芬兰的度假胜地卡雷利亚的北部度假，而且在这段休息的时间内，他每天都会去钓鱼。

接到消息的当地官员，为确保总统能够钓到鱼，便暗中在乌克苏泽罗湖里放入一万条鱼。

这个消息是卡雷利亚渔业委员会的一名官员透漏的，他说："这是市政府为确保总统能愉快地度假，要求我们做的。"

这名官员还得意地说："其实，叶利钦总统一点儿也不善于钓鱼。不过，第一天他居然钓了20多条鱼，第二天他更是钓了30多条，这样的'成果'令当地的渔民惊讶不已，他也获得众人一致的赞美。"

当然，关于这个安排，叶利钦本人事先毫不知情，他因此为自己的"杰出"表现沾沾自喜。

这就像老布什总统卸任后，有一天突然有感而发地说："自从卸职后，我才发现，比我会打高尔夫球的人居然这么多。"

莎士比亚曾说："对你恭维不离口的人，不一定是真正的患难朋友！"

就像老布什卸任后的体会，当人们有求于我们，或是对我们别有企图时，他们对待我们的方式，只有"迎合"两个字。于是，我们在迎合的遮掩下，看不见自己的缺点，也无法让自己有任何成长。所以，我们必须试着保持客观的判断力，听出人们赞美的虚实，只有这样我们才不会被甜言蜜语所蒙蔽。

花言巧语、口蜜腹剑的人的特征是：当面说如蜜好话，背地里用语恶毒，中伤他人；表面上心地善良、一番好意，实际上暗藏诡计；善于伪装自己，当面一套背后一套。

《伊索寓言》里有这样一则故事：黄鼠狼听说有只鸡生病了，便装扮成医生，带着医疗用品前去看望。它站在鸡窝前面，耐心地询问鸡哪里不舒服。鸡回答说："很好，只要你离开这儿，我就不会死。"这故事说明，坏人即使装出十分善良的样子，聪明的人也会知道他们是口蜜腹剑的人。

花言巧语、口蜜腹剑的人往往是极其奸诈之徒，这样的人是邪恶、诡诈的化身。这些人心术不正、品行恶劣，尽耍阴谋诡计。这类奸诈之徒都很聪明，他们知道如果靠赤裸裸的卑鄙手段很难达到自己阴暗的目的，因而他们善于伪装，巧妙地打扮自己、包装自己。

历史上的赵高之类的奸诈之徒，就是依靠花言巧语，先是骗得了皇帝的信任，被委以重任，然后才阴谋得逞的。

不可一世的秦始皇将四分五裂的中国统一到自己的铁拳之中，使众国臣服于自己的膝下，开创了历史的新纪元，成为千古第一帝，可谓风光至极！然而秦朝的天下在短短的几十年间就更了名、改了姓，为何？身边有一个花言巧语、口蜜腹剑的赵高起了决定性的因素。

善于花言巧语、口蜜腹剑的奸诈之徒，每时每刻都在琢磨算计他人，每时每刻都在寻找算计他人的机会，钻他人之空子。他们悉心地收集材料，揪住机会就狠狠地将人整一通，甚至心狠手辣地将他人一刀致命。

生活中最难提防的不是自己的敌人，而是那些在我们身边装得很亲近的人，他们口蜜腹剑、笑里藏刀，这才是真正的阴险狡诈。然而，有些人耳根子太软，虚荣心太强，听了那些谄媚之词就信以为真，还怎么知道糖衣里面裹着的是炮弹呢？

好听的话听起来基本上都是"丝丝入耳"，定力再强的人听到赞美也难免心生喜悦。喜悦归喜悦，却不可昏昏然，过于陶醉，否则就会分不清东南西北，甚至被别人陷害都浑然不觉。

唐明皇时，有两位宰相共辅国政，一个是拘谨正直的李适之，一个是阴险狡诈的李林甫。李适之一向反对李林甫，李林甫一直想陷害李适之，但在表面上两人还很要好。

有一天，两人闲谈之中，李林甫对李适之说："华山出产金矿，谁都知道，如果开工采掘，可以为国家增加无穷财富，你何不奏闻皇上？"适之是老实人，认为有理，果然上折奏知唐明皇。

唐明皇召见李林甫问："适之所奏华山有金矿可采，你知道吗？"

李林甫答道："小臣近日常为陛下的疾病担忧，深知华山实为本朝龙脉，地下隐伏着王气，如果采掘，不利于陛下龙体，臣正以此为忧，故不敢将此事奏闻。"

唐明皇听了这话，认为李林甫才是最体贴的忠义之臣，而李适之则是存心干扰朝堂，从此对适之逐渐疏远，到最后免除其官职，由李林甫一人当政。

李林甫当权后，第一步就是排除异己，重用贪佞小人，对那些正直之士则必欲除之而后快。名盛一时的绛郡太守严挺之，唐明皇对他十分看重，要加以重用。

李林甫看在眼里，怕此人被重用后会影响自己的权位，就想办法把严挺之的弟弟严损之找来，拍着胸脯说他和严挺之如何的相好，怎样的深交，并且当面许诺一定要保奏他做个员外郎，以示对好友之弟的关照。李林甫还透露说："皇上对令兄非常看重，我们必须想个办法把令兄调回京，方能水到渠成。"

严损之便问有什么办法。李林甫想了半天，说："不如这样，你写封信给令兄，叫他写一封呈文来，说患有风湿病，希望能到长安来就医，我自会代他设法。"严挺之接到弟弟家书后，信以为真，还认为李林甫对自己另眼相看，便如所嘱，写了一封题为《乞调回京就医》的呈文。

李林甫拿到这封呈文，即跑去参见唐明皇，说："严挺之年事已高了，又患风湿重症，行坐甚为不便，不如给他一个闲官调到气候好的地方去调养，也正好体现圣上对臣下的体贴。"

　　唐明皇闻李林甫所奏，毫不考虑就批准了。严挺之被调到"闻道花似锦"的洛阳去做了个领干薪的闲官，连太守也做不成了。

　　由此可见，口蜜腹剑之人利用的正是你的虚荣心。他知道，只要以口中之"蜜"激发起你的虚荣心，其腹中之"剑"便所向披靡。

　　古往今来，在个人利益和不断膨胀的私欲的驱使之下，表面谦和而陷害别人反不被人知的小人有之；因善良无知，受人甜言蜜语的蒙蔽而深受其害的又何其之多。人心难测，让你防不胜防。可是你若被糖衣炮弹射中了胸口，也怪不得谁，要怪也只能怪自己虚荣心太强，听了谄媚之词就像被灌了迷魂汤，神志不清了。

4. 虚心接受实事求是的善意忠告

　　我们都知道"良药苦口利于病，忠言逆耳利于行"这样的大道理，可现实是，我们谁都不愿意听那些"逆耳忠言"。尤其是那些手握大权的人，更喜欢独断专行，听不进别人的意见。一代昏君隋炀帝曾表示，我天性不喜欢听相反的意见，所谓敢言直谏的人都自说其忠诚，但我最不能忍耐。你们如果想升官晋爵就一定要听话。如此露骨地宣称自己就是爱听奉承话，实在是昏庸，像他这样的刚愎自用之人，哪里会长久地统治江山？果真短短十几年后，就众叛亲离，国家易主，他也由此背上了千古骂名。

　　《汉书·霍光传》中曾记载了这样一个故事：有户人家的新房盖起来

后，宾客人人称赞，有人却说，这烟囱太直容易喷火星，柴薪堆得太近，容易发生火灾，惹得主人很不高兴。不久，主人家果然失火，亏得邻居及时赶来把火扑灭，才没有造成更大的损失。

事后，主人杀牛摆酒，酬谢前来救火的邻居。他特地请那些被火烧得焦头烂额的人坐在上首，其他的则按照出力大小安排座次。唯独没有请建议他改砌烟囱、搬走柴薪的那位客人。这就是那"曲突徙薪无恩泽，焦头烂额为上客"的故事。

如果我们事前就能不断听取别人合理的意见和建议，那么我们的人生就可以少走很多弯路。这方面最具有代表性的人物莫过于唐太宗李世民了，他善于听取臣下的批评意见，他与魏徵的故事历来为人们所传颂。李世民曾评价魏徵说："魏徵往者实我所仇，但其尽心所事，有足嘉者。朕能擢而用之，何惭古烈？徵每犯颜切谏，不许我为非，我所以重之也。"唐太宗与魏徵可说是千古绝配：有唐太宗的宽大气度，才有魏徵的游刃空间，敢言敢谏；有魏徵的冒死直谏，才能成就唐太宗繁荣富强的贞观之治。

在生活工作中，我们也常常会碰到一些给我们找点儿刺儿、挑点儿小毛病的人，虽然使我们如鲠在喉，但在我们的成长过程中，却不能缺少这类人，他们可以让我们时时警惕，少犯错误。一个人如果缺少了提醒，缺少了约束，那么他离身败名裂的日子也就不远了。古今多少腐败案例，探其根源，皆是因缺少了权力的监督，个人可以随心所欲，为所欲为，只手遮天，以致走上了不归路。

有位将军，领兵作战二十余年从未有过败绩，他熟读《孙子兵法》和《六韬》，并且对阵法也颇有研究，打起仗来更是英勇无敌，的确是一个不可多得的勇将，他战功赫赫，敌军一听到他的名字便闻风丧胆。所以，他很受皇帝的器重，掌握着全国的兵权，成为了"一人之下，万人之上"的重要人物。

这位将军手下有个谋士，此人足智多谋，从将军带兵打仗时便跟随他左右，为他出谋划策。将军和这位谋士亲如兄弟，不分彼此。

有一天，将军接到圣旨，说邻国敌军带兵来犯边境，命令将军立刻带兵迎敌。

将军接旨后不敢怠慢，立即点齐兵马准备出发，谋士自然跟随前往。

两军对垒，将军连胜数阵，把来犯的敌军打得落花流水，抱头鼠窜。皇帝闻知这个消息后，特意派人送来千两黄金以示嘉奖。

将军特别高兴，拉着谋士说今晚要一醉方休！但出乎将军意料的是，谋士并没有显现出高兴的神情，反而一脸的愁容。

谋士沉思了片刻，对将军说："你不觉得这场仗打得很蹊跷吗？原来我们和敌军交战时，有过这样轻松取胜的记录吗？从来没有过。敌军既然来犯，势必来势汹汹。可是，我感觉好像他们全都无心恋战似的，这很不正常。我认为，今夜他们一定会来偷营劫寨，我们还是小心些好呀。"

将军连忙点头称是，命令三军，今晚谁都不许合眼，眼睛死死地盯着敌军的动向，如果今夜他们敢来偷营劫寨，一定要让他们有去无回。

一个漫长的不眠之夜就这样在平安中度过了，什么事都没有发生，将军的脸色由红变白，又由白变灰，最后铁青着脸看着谋士，一句话都没有说。

第二天，将军领兵讨敌骂阵，敌军高悬免战牌，不敢出战。

当夜，将军又提议饮酒，谋士依然把他拦住，诚心诚意地对将军说："古语云，兵不厌诈。我们还是小心些好，不如我们轮班站岗，这样将士们可以保证充足的睡眠，还能防患于未然。"

这回将军没好气地说："好，就依你，你向来是足智多谋嘛。"一夜无事，这夜又在平安中度过。

第三天，敌军仍旧拒不出兵，看到此等情形，将军便哈哈大笑起来，心想：敌人是被我吓破了胆，今夜可以放松一下了。

当晚，谋士又来劝阻，这次将军对他毫不客气地说："你过于多虑了，我说让你这次不要来，你偏来，来了还给我拖后腿，你还是休息休息吧，要不然你一个人守夜。哈哈哈……"

谋士当众被将军羞辱，感到无地自容，但他还是力图劝说将军回心转意，可是将军已经拂袖而去，与将士们饮酒去了。

谋士摇摇头，带着为数不多的几个士兵去看守营寨。

半夜时分，敌军果然来了，以迅雷不及掩耳之势夺取了将军的大营，大部分将士还在沉醉中便丧失了性命，谋士终因寡不敌众而战死。

将军看到自己的军队最后只剩下十几个人，他把曾经生死与共的谋士的尸体紧紧地抱在怀中，放声痛哭，对天长叹："我一生未有败绩，可是偏偏这次大意了，而且还不听忠告，落得如此地步，我还有什么脸面回去?!"

他用手轻轻地抚闭谋士未暝之目，痛心地说："贤弟，哥哥陪你去了，到了地府，你再责备我吧!"

说罢，将军横剑自刎了。

奉承话虽然听来顺耳，却能害人，有些忠告听来虽然让人心生不快，但那却是真的在助你。所以，无论你身居何位，都不可刚愎自用，适时地听听那些逆耳的忠言，才不致败了事业，丢了性命。

良药再苦，我们也会捏着鼻子将其咽下，因为不喝下去就要忍受疾病的折磨。良药的目的是治病，同理，忠言虽然听起来不舒服，远不如那些美妙的赞美愉快，可是为了防患于未然，为了以后不付出更大的代价，还是耐心一点儿、宽容一点儿，听听那些善意的忠告吧。

5.别让虚荣心主宰你的选择

许多人有一种习惯，常常会不自觉地问别人，自己的衣着、言谈、工作表现等如何。其实，这也是一个潜在的虚荣心的体现。

芸芸众生，苍茫宇宙，我们生而为人，就注定不能孤独存在。我们的父母、老师、朋友等，都会关注我们的成长，很多时候我们会得到来自他们的建议。这些建议的初衷也许是好的，但是我们在关注这些建议的同时也要客观审视它们，坚决不能因虚荣心而盲目接受这些建议，因为即便是好的建议，也不一定都适合自己。

我们时常会遇到这样的情况，当我们需要做出一个决定的时候，尤其是在我们取得一些成绩的时候，总是有很多热心的人给我们出主意：张三认为这样会更有发展前途，李四、赵五也忙着附和。这时候，他们的建议非常容易被采纳，因为他们对你的成绩给予了肯定，这在一定程度上满足了你的虚荣心，而且他们的建议从表面上看又确实是为你着想。他们的本意也许都是好的，可是，他们的建议是否可行呢？这就需要你理智地对待，不要盲目接受，否则悔之晚矣。

有一只兔子，身材很修长，天生就很会跳跃，所以它一直有着"跳远第一名"的美誉，为此，它感到无比自豪和光荣。一天，森林之王狮子宣布，要举办运动大会，以提倡"全民运动"。

于是，兔子就报名参加"跳远"项目。兔子果然不负众望，一连击败了鸡、鸭、鹅、小狗、小猪……夺得了跳远比赛的冠军。后来，有一只老狗告诉兔子："兔子啊，其实你的天分资质很好，体力也很棒，你只得到跳远一项金牌，实在很可惜。我觉得，只要你好好努力练习，你还可以得到更多比赛的金牌啊！"

"真的啊？你觉得我真的可以吗？"兔子似乎受宠若惊。

"没错啊，只要你好好跟我学，我可以教你跑百米、游泳、举重、跳高、推铅球、马拉松……你一定没问题啊！"老狗说。

在老狗的建议之下，兔子开始每天练习跑百米、早晚也跳下水游泳，游累了，又上岸，开始练举重；隔天，跑完百米，继续练跳高，甚至撑着竿子不断往前冲，也想在撑竿跳比赛中夺魁。接着，又推铅球，跑马拉松……

运动大会开幕了，兔子报了很多项目，可是它跑百米、游泳、举重、跳高、推铅球、马拉松……没有一项晋级，连以前最拿手的跳远，也遭遇了滑铁卢，初赛时它就被淘汰了。

有些人虚荣心本来就很强，再加上别人的"怂恿"，就以为自己无所不能，既可以当演员，又可以做作家；既可以是演说家，又能是主持人；既可以参选民意代表，又能参与公益活动，更能投资开公司、当老板……最后的结果往往是一事无成，落得竹篮打水一场空的下场。

作为一个具有正常思维的人，谁都不会漠视他人对自己的评价，我们谨言慎行就是不愿意授人把柄。很多时候，他人的议论、说法、观点、态度，都会对我们的心情和行为产生极大的影响。赛场上的啦啦队员无疑会影响到运动员的成绩，至少也会影响到运动员的士气。他人的意见往往也是我们自己行为的镜子，我们总是在别人的目光中调校自己的人生坐标。那么是不是校正的结果就一定是好的呢？同理，不校正的结果就一定是坏的吗？

我们再来看一则寓言故事：

　　一群青蛙在高塔下玩耍，其中一只青蛙建议："我们一起爬到塔尖上去玩玩吧。"众青蛙都很赞同，于是它们便聚集在一起相伴着往塔上爬。爬着爬着，其中聪明者觉得不对，"我们这是干吗呢？这又干渴又劳累的，我们费劲儿爬它干吗？"大家都觉得它说得不错。于是青蛙们都停下来了，只剩下一只最小的青蛙还在缓慢地坚持着。不管众青蛙怎样在下面挖苦、嘲笑它，它就是坚持不停地爬，过了很长时间，它终于爬到了塔尖。这时，众青蛙不再嘲笑它了，而是从内心里佩服它。等到它下来以后呢，大家便七嘴八舌地问它站在塔尖上能看到怎样的风景。

　　那么到底是什么样的力量支撑着小青蛙爬上了塔尖？

　　答案很是出人意料：原来这只小青蛙是个聋子。它当时只看到了所有人都开始行动，但当大家议论的时候它没听见，所以它以为大家都在爬，就它一个在那儿晃晃悠悠爬得很慢，最后它就成了一个奇迹，它爬上去了。

　　小青蛙听不见众青蛙的议论和嘲笑，也就是说，它没有被群体的意见所左右。然而，假设小青蛙不是聋子，听到其他青蛙的议论，它还会冒着干渴和劳累继续往上爬吗？恐怕就不一定了。

　　这个结果似乎有点让人哑然，但同时也说明了别人的言论力量是多么大，大到足以决定一个人的成败。

　　生活中，有些人因为时常顾虑"别人怎么说"，只好一年到头在不知究竟怎样才好的为难紧张之中团团转，总也走不出一条路来。

　　这种人，即使善于应付，而能做到"不受批评"，他最多也不过是个不被讨厌的人。别人所给他的最大的敬意，也不过是说他一句"圆滑周到"而已，而在他自身来说，因为他经常被驱策在别人的意见之下，把精力全部消耗在应付环境、讨好别人上，一定感到头晕眼花、疲于奔命，以致没有余力去追求自己的梦想。

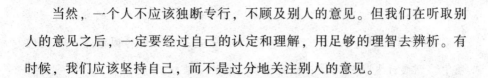

当然，一个人不应该独断专行，不顾及别人的意见。但我们在听取别人的意见之后，一定要经过自己的认定和理解，用足够的理智去辨析。有时候，我们应该坚持自己，而不是过分地关注别人的意见。

6. 沉醉辉煌，最终会被辉煌所累

世间万物，没有绝对的、永远的第一，过去辉煌并不代表永远辉煌。假如一个人不往前行走，便只能留在原地，甚至还会倒退。这就好比乌龟与兔子赛跑，当兔子遥遥领先时，它却就此满足，那么就会有无数个乌龟不断超过兔子。所以说，只有不断地超越，才能不被淘汰，只有忘掉过去所创造的辉煌，才能重新塑造奇迹。

大宇集团曾是韩国最著名的企业。当年，大宇集团的总裁金宇中从5000美元起家，1988年，大宇集团总资产达到640亿美元，其公司在世界跨国企业中曾排名第115名。可是谁都没有想到，十年左右的时间，大宇集团旗下的分公司纷纷倒闭，集团本身也因资产不够抵债而于1999年宣布破产。

中国有句老话叫：瘦死的骆驼比马大。这么庞大的一个集团，怎么说倒下就倒下了呢？为什么前后会有如此之大的反差呢？究竟是什么原因导致这样的结果呢？

原来，金宇中在成功后，自以为是、骄傲自满、独断专行，而且做事从来不考虑周全。在开发分公司时，他不顾全公司的大局，大量消耗人力、物力与财力，盲目地扩张分公司。这样的结果是，旗下的分公司一度达到600多个，由于分公司过多，整体企业陷入资金周转困难等一系列问题中，到最后发展到无法收拾的地步，最终宣告破产。

在如今激烈竞争的商业经济大战中，类似于大宇集团这样的事例数不胜数，如巨人、南德、三株等知名企业，有哪个不是曾经风靡一时，其集团的领导人一度被誉为"商业神话"。结果，这些集团个个都是好景不长，直到销声匿迹，再也寻找不到它们的踪迹。这些商业大佬有一个共同点，那就是都沉醉于过去的辉煌中，以致看不清形势，结果一步一步地走向了深渊。

一位商界名人曾经说："当别人把你当成英雄的时候，你千万别把自己当成英雄。"是的，没有人会是一辈子的英雄，最辉煌的时候也就是最危险的时候，倘若被眼前的利益所蒙蔽，自认为能力不错，没有什么事情不能成功，那么事实就会告诉你：你的想法是错误的。因此，想在商战中做一个长久不败的将军，就不能在成功时骄傲自满、盲目自信、松懈怠慢。

不管曾经有过多么辉煌的成就，也千万不要产生"自己就是第一"的想法。在这个世界上，根本不存在永远的第一，你只有不断地完善自己，精益求精，才能拥有属于自己的成就，做自己心中的第一。

乔丹，NBA（美国男子职业篮球联赛）篮球界的一个奇迹，他是全世界人们最为耳熟能详的篮球运动员，曾获得过无数辉煌的成绩。那么，他是如何从一个名不见经传的普通球员成长为国际球星的呢？

在乔丹还是个不知名的普通球员时，有一次，他所在的队取得了一场比赛的胜利，和同伴们一样，乔丹也沾沾自喜地畅说着内心的喜悦之情，而一旁的教练却显得相当冷静。他把乔丹叫到一旁，用十分严肃的口气对他说："你是一个优秀的队员，可是在今天的比赛场上，我不得不说你发挥得极差，完全没有突破自己，你离我想象中的乔丹还差很远。你要想在美国篮球队一鸣惊人，必须时刻记住——要学会自我淘汰，淘汰昨天的你，淘汰自我满足的你，否则你就不会有寻求完善的心……"

听了教练的话，乔丹惭愧极了，他将这些话铭记于心，时刻激励着自己。在不懈的努力下，乔丹的球技得到了迅速的提升，他终于挺进了芝加哥公牛队。后来，他又成为全美国乃至全世界家喻户晓的"飞人"。日后，乔丹曾多次表示过，自己取得的成绩离不开教练当初的那一席话，是教练让他明白必须忘记过去的辉煌，才能更加集中精力应对眼前的事情。即便在他已经成为篮球巨星的时候，他依然不忘用当初的那些话来提醒自己。

乔丹的成功，正是因为他不断地进行自我淘汰，从而不断地完善自我，走向一个又一个辉煌。失败不是成功的最大敌人，自满才是。假如人不自满，成功会成为你如影随形的朋友。对于别人的称赞，要将其视作鼓励，但是这并不等于自己就像所鼓励的话一样，可以得到一百分，得到成功。自满的人的路是短的，因为当别人还在继续向前跑的时候，他却以为已经到达终点了，完全不知道自己已经被抛在后面了。所以，我们要做的，也是最不容易做到的，那就是狠心地把自满淘汰，把沉浸在昔日辉煌成就中的心淘汰掉，不断地为自己充电，使自己能够有足够的资本再造辉煌。

"每天淘汰自己，不断地自我更新，自我挑战"，世界首富比尔·盖茨就是靠这样的精神与信念获得了今天的成就。他没有因为有了世界首富的光环就满足于现状，在他的理念中，与其让竞争对手开发新的操作系统挑战他或者取代他，不如先自我淘汰，以持续领先市场、主导市场甚至垄断市场，同时也让对手难以跟上。聪明的人会最先掌握这种通向成功的有力法宝，明智地与时代并进，做行业的风向标。

7. 不要为已犯下的错误 "戴高帽"

没有人喜欢被指责，哪怕自己犯了错误。所以，当知道自己犯了错的时候，人们最初的也是最强烈的反应就是为自己辩护、为自己开脱。而实际上，这种文过饰非的态度会使一个人越来越偏离正轨。

金无足赤，人无完人。人生在世没有人会不犯错误，有的人甚至还一错再错，既然错误无法避免，那么可怕的不是错误本身，而是错上加错、不敢承认错误。

承认错误是一种人生智慧，下面这个事例或许会对读者有所启发：

格里·克洛纳里斯在北卡罗来纳州夏洛特市当货物经纪人。他在希尔公司做采购员时，发现自己犯下了一个很大的业务上的错误。有一条对零售采购商至关重要的规则：即不可以超支你账户上的存款数额。如果你的账户不再有钱，你就不能购进新的商品，直到你重新把账户填满，而这通常要等到下一个采购季节。

那次正常的采购完毕之后，一位日本商贩向格里展现了一款极其漂亮的新式手提包，可这时格里的账户已经告急，他知道他应该在早些时候就备下一笔应急款，好抓住这种叫人始料未及的机会。此时他知道自己只有两种选择：要么放弃这笔交易，而这笔交易对西尔公司来说肯定会有利可图；要么向公司主管主动承认自己所犯下的错误，并请求追加拨款。

正当格里坐在办公室里苦思冥想时，公司主管碰巧顺路来访。格里当即对他说："我遇到了麻烦，我犯了大错。"他接着解释了所发生的一切。尽管公司主管平时是个非常严厉苛刻的人，但格里的坦诚使他深受感动，他很快便设法给格里拨来了所需款项。手提包一上市，果然深受顾客欢迎，卖得十分火爆。而格里也从超支账户存款一事中汲取了教训。

这个故事告诉我们：当不小心犯了某种大的错误时，最好的办法是坦率地承认和检讨，并尽可能快地对事情进行补救。只要处理得当，你依然可以赢得别人的信赖。

当我们错了，就要迅速而真诚地承认。如果你在工作上出错，就应该立即向领导汇报自己的失误，这样当然有可能会被大骂一顿，可是在上司的心中你起码是一个诚实的人，将来他也许对你更加器重，你所得到的可能比你失去的还多。

承认错误是一种智慧，只有人们对错误采取认真分析的态度，才能反败为胜。现实中，许多人为了面子死不认错，硬认死理，只会让自己一错再错，损失更大的"面子"。由此，一个人要想有面子，就要不怕丢面子。孔子说："过而不改，是谓过矣。"意思是说，犯了一回错不算什么，错了不知悔改，才是真的错了。

闻过则喜、知过能改，是一种积极向上、积极进取的人生态度。只有当你真正认识到它的积极作用的时候，才能身体力行去聆听别人的善意劝解，才能真正改正自己的缺点和错误，而不致为了一点面子去忌恨和打击指出自己过错的人。闻过易，闻过则喜不易。能够做到闻过则喜的人，是最能够得到他人帮助的人，当然也是最易成功的人。

在我们犯了错误的时候，总是想得到别人的宽恕，而不是斥责。其实，宽恕是对我们的纵容，别人宽恕了我们第一次，我们可能会犯第二次、第三次。我们要学会在犯了错误后，坦率地承认，并担负我们该负的责任，而不是为了怕丢面子，百般辩解，文过饰非。

人非圣贤，孰能无过，知错能改，善莫大焉。发现错误的时候，不要采取消极的逃避态度，而是应该想一想自己怎样做才能最大程度地弥补过错。只要你能以正确的态度对待它，勇于承担责任，错误不仅不会成为你发展的障碍，反而会推动你向前，促使你不断地、更快地成长。任何事情都有两面性，错误也不例外，关键就在于你从什么样的角度去看待它，以怎样的态度去处理它。

孙阳是某化工厂的财务人员。一天，他在做工资表时，给一个请病假的员工定了个全薪，忘了扣除其请假那几天的工资。于是孙阳找到这名员工，告诉他下个月发工资时要把多给他的钱扣除。但是这名员工说自己手头正紧，请求分期扣除，但这么做的话，孙阳就必须得请示老板。

孙阳认为，老板知道这件事后一定会非常不高兴的，但这混乱的局面都是自己造成的，他必须负起这个责任，于是他决定去老板那儿认错。

当孙阳走进老板的办公室，告诉他自己犯的错误后，没想到老板竟然说这不是他的责任，而是人事部门的错误。孙阳强调这是他的错误，老板又指责这是会计部门的疏忽。当孙阳再次认错时，老板看着孙阳说："好样的，你能在做错事情的时候主动承认，不推到别人的身上，这种勇气和责任心很好。好了，现在你去把这个问题解决掉吧。"事情就这样解决了。从那以后，老板更加器重孙阳了。

如果只是顾全面子，不敢承担责任的话，那最后吃亏的只能是你自己。假如你犯了错且知道免不了要承担责任，抢先一步承认自己的错误，不失为最好的方法。自己谴责自己总比让别人骂好受得多。如果勇于承认错误，并把责备的话说出来，十有八九会得到宽大处理。

小刘在一家工厂任技术员。经过几年的实践锻炼，在老同志的帮助下取得了一定的成绩，并且被提拔成车间副主任，负责车间的生产技术工作。

有一次，车间的生产线发现了一些问题，产品质量也受到了影响。他看过之后，便立即断言是原料的配比不合适，认为在投放新的一家企业提供的原材料后，原有的配比必须改变。但调整之后，情况仍不见好转。此时，另一位技术人员提出了不同的见解，认为问题的症结并不是新的原料或原料配比不合适，而在于设备本身。对此，小刘心里觉得技术员的看法很合理，但是，他觉得自己是负责全车间技术与工艺的领导，如今自己的判断出现了失误，就必须承担一定的责任。

为了避免责任，他一方面继续坚持自己的看法，另一方面也布置专人对设备进行必要的维修和调整。但是由于贻误了时机，问题最终还是爆发了，给公司造成了巨大损失。结果小刘在羞愧之中提出了辞职。

喜欢听赞美是每个人的天性。忠言逆耳，尤其是和自己平起平坐的同事对着自己狠狠数落一番时，不管那些批评如何正确，大多数人都会感到不舒服，有些人更会拂袖而去，连表面的礼貌也没有了，令提意见的人尴尬万分。这样的结果就是，下一次你犯再大的错误，也没有人敢劝告你了。这不仅会让你在错误的路上越滑越远，更是你做人的一大损失。若我们错了，就要勇于承认并且接受批评。

事实上，一个有勇气承认自己错误的人，他不但可以获得某种程度的满足感，还可以消除罪恶感，有助于弥补这项错误所造成的损失。卡耐基告诉我们，傻瓜也会为自己的错误辩护，但能承认自己错误的人，就会赢得他人的尊重。

人无完人，没有人没缺点，也没有人不会犯错误，甚至可能一错再错。既然错误是不可避免的，那么可怕的并不是错误本身，而是知错不肯改，错了也不悔过。

如果你总是害怕承认错误，那么，请接受以下这些建议。

（1）假若你必须向别人交代，与其替自己找借口逃避责难，不如勇于认错，在别人没有机会把你的错到处宣扬之前，对自己的行为负起一切的责任。

（2）如果你在工作上出错，要立即向领导汇报自己的失误，这样当然有可能会被大骂一顿，但总是比东窗事发无法掩饰再交代要好。

（3）如果你所犯的错误可能会影响到其他同事的工作成绩或进度时，无论同事是否已发现这些不利影响，都要赶在同事找你"兴师问罪"之前主动向他道歉、解释。千万不要企图自我辩护，推卸责任，那样只会火上浇油，令对方更感愤怒。

每个人都会犯错误，尤其是当你精神不佳、工作繁重、承受太多的生活压力时，关键是犯错后要用正确的态度对待它。犯错误不算什么罪大难饶的事，"有则改之，无则加勉"，只有放下了面子，不再固守所谓的"自尊"，人才能坦诚地面对自己，面对他人。

第七章

恃才而骄，锋芒毕露只会自讨苦吃

有一个成语叫作"锋芒毕露"，锋芒本意是刀剑的尖端，比喻一个人的聪明才干。有锋芒是好事，是事业成功的基础。在适当的场合显露一下既有必要，也是应当。然而，锋芒可以刺伤别人，也会刺伤自己。一个人自恃有才，狂妄自大，将才华当成炫耀和骄傲的资本，以博取大家的赞美和羡慕，满足自己的虚荣心，其结果往往是适得其反。

1. 功高盖主，未必是好事

许多人很有才能，当看到自己辛勤的劳动成果被别人冒名窃取时，自然会非常气愤，而这个人多半是自己的领导，于是便抑郁不平。他们却没有想过，如果自己过分耀眼，功高盖主，也未必是一件好事。

吕不韦是阳翟的大商人，他往来各地，以低价买进，高价卖出，所以积累起巨额家产。秦昭王四十年，太子去世。过了两年，昭王立安国君为太子，安国君有二十多个儿子。安国君有个非常宠爱的妃子，被立为正夫人，叫华阳夫人，但华阳夫人没有儿子。安国君有个儿子名叫子楚，被作为秦国的人质派到赵国。由于秦国多次攻打赵国，赵国对子楚也不以礼相待。

子楚在赵国生活十分困窘，很不得意。吕不韦到赵国都城邯郸做买卖，结识了子楚。他明白，子楚肯定是不招安国君喜欢才被送往赵国做人质。按照一般的商人思维，对这样的人投资是毫无价值的，顶多给他一点儿好处，也许他哪天撞上了好运，侥幸回到秦国当了一国诸侯，以后见面也可以给点儿照应。

但是吕不韦并不这样看。他觉得子楚最大的政治优势就是他的父亲是太子安国君，虽然安国君有众多儿子，子楚又不被喜欢，但是他毕竟是安国君的亲生儿子，他是有希望成为秦王的。这就是这个人最大的投资价值。吕不韦于是问父亲："耕田之利多少倍？"父亲答道："十倍。"吕不韦再问："珠玉之利多少倍？"父亲答道："一百倍。"吕不韦接着问："如果立主定国，那么利益又是几倍？"父亲很惊异地说："如果能这样，利益当然是无数倍。"于是吕不韦认定子楚奇货可居。

　　于是他就前去拜访子楚，为子楚出谋划策，他对子楚说："秦王已经老了，安国君已经被立为太子。我听说安国君非常宠爱华阳夫人，能够选立太子的只有一个华阳夫人，但华阳夫人没有儿子。现在您的众多兄弟中，您排行中间，而且不受安国君宠幸，长期被留在赵国当人质，即使哪天秦王驾崩，安国君继位为王，您也不要指望同您的兄弟们争继承人之位。"子楚一听，便问吕不韦该怎么办。吕不韦说："您现在生活十分困窘，又长期客居在此，拿不出什么东西来献给亲长，结交宾客。我虽然也不是很富有，但愿意拿出千金来为您西去秦国游说，侍奉安国君和华阳夫人，尽力让他们立您为继承人。"子楚于是叩头拜谢道："如果真有那么一天，我愿意将秦国的土地与您共享。"

　　吕不韦于是拿出五百金送给子楚，作为交结宾客之用，又拿出五百金买了一些珍奇玩物，自己带着西去秦国游说。吕不韦将所有宝物都献给了华阳夫人，顺便谈及子楚聪明贤能，所结交的诸侯宾客遍及天下，而且常常把夫人看成天一般，日夜哭泣思念父亲和夫人。

　　华阳夫人一听十分高兴。吕不韦又让人劝说华阳夫人道："我听说用美色来侍奉男人的，一旦色衰，宠爱也就会随之减少。现在夫人您侍奉太子，甚被宠爱，但没有儿子。不如趁这个时候早一点在太子的儿子中结交一个有才能而且孝顺的人，立他为继承人而又像亲生儿子一样对待他，那么，丈夫在世时受到尊重，丈夫死后，自己的儿子又能继位为王，如此始终也不会失势……现在子楚贤能，而且自己也知道排行居中，按次序是不可能被立为继承人的，而且他的生母不受宠爱，于是他只有主动依附于夫人，夫人如果能在这个时候提拔他为继承人，那么您一生在秦国都会受到尊重。"华阳夫人一听觉得十分有道理，于是便向太子提议立子楚为继承人，太子答应。

　　吕不韦又选了一位美貌女子送给子楚，这个女子为子楚生了个儿子，叫嬴政，这就是日后的秦始皇。

不久子楚和吕不韦密谋，逃回了秦国，而将妻子和儿子留在了赵国。又过了几年，秦昭王去世，太子安国君继位为王，华阳夫人为王后，子楚为太子。安国君继位不久就去世了，子楚即位，他就是庄襄王。庄襄王任命吕不韦为丞相，封为文信侯，河南洛阳十万户是他的食邑。

庄襄王即位三年之后死去，太子嬴政继立为王，尊奉吕不韦为相国，称他为仲父。吕不韦权倾朝野。

当时魏国有信陵君，楚国有春申君，赵国有平原君，齐国有孟尝君，他们都礼贤下士，结交宾客，并且都极力在这方面争个高低上下。吕不韦认为秦国如此强大，也应该在这方面超过他们。于是他召集了许多文人学士，给他们十分好的待遇，门下食客多达三千人。吕不韦组织自己的食客编了《吕氏春秋》，名闻天下。

秦王嬴政逐渐长大，渐渐对朝政有了自己的主见，但吕不韦仍然把持着朝政，君权和相权的矛盾开始激化。后来秦始皇终于找到个理由，将吕不韦罢免，让他回到自己河南的封地去。

又过了一年多，各国的宾客使者络绎不绝，前来问候吕不韦。秦王嬴政怕他发动叛乱，于是写信给吕不韦说："你对秦国有什么功劳？秦国已经封你在河南，食邑十万户。你和寡人又有什么血缘关系而号称仲父？现在命令你和家属都一概迁到蜀地去居住！"吕不韦一看就明白自己已经逐渐被逼迫，他害怕日后被诛杀，于是就喝下毒酒自杀了。

吕不韦拥有卓绝的经商头脑，尤其是他所认定的"奇货可居"，正说明了他眼光十分敏锐，而且看得长远。但是吕不韦唯一不足的是，他没有看到自己干涉了一个英明国君的成长，他已经权倾朝野，还要著书立说，求得盛名，更不为秦王嬴政所容。后世很多人猜测吕不韦之所以没有反叛嬴政，是因为嬴政是他的私生子。吕不韦和嬴政不管是不是父子关系，他

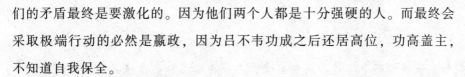

们的矛盾最终是要激化的。因为他们两个人都是十分强硬的人。而最终会采取极端行动的必然是嬴政，因为吕不韦功成之后还居高位，功高盖主，不知道自我保全。

功高盖主而不自省，即便是再显赫的人，最终也会受制于人，成为过眼云烟。今日的骄横只会换来明日的妥协，给自己带来杀身之祸。所以，功高之时莫要忘记别人，更莫要忘记低调。

2. 学会恰到好处地把功劳让给上司

不要以为自己立了功，就有了讨好上司、固宠求荣的法宝和资本。事实上，立了功，其实是很危险的事情。要不历史上怎么有那么多人功成身退了呢？立了功，的确说明你有才华、有智慧，可是你绝对不能居功自傲、独享荣誉，而要恰到好处地把功劳让给上司。

三国末期，西晋名将王濬于公元280年巧用火烧铁索之计，灭掉了东吴。三国分裂的局面至此方告结束，国家又重新归于统一，王濬的历史功勋是不可埋没的。岂料王濬克敌制胜之日，竟是受谗言遭诬之时。安东将军王浑以王濬不服从指挥为由，要求将他交司法部门论罪，又诬王濬攻入建康之后，大量抢劫吴宫的珍宝。这令功勋卓著的王濬感到畏惧。

当年，消灭蜀国，收降后主刘禅的大功臣邓艾，就险在获胜之日被谗言构陷而死，王濬害怕重蹈邓艾的覆辙，便一再上书，陈述战场的实际状况，辩白自己的无辜，晋武帝司马炎倒是没有治他的罪，而且力排众议，对他论功行赏。

可王濬每当想到自己立了大功，反而被豪强大臣所压制，一再被弹劾，便愤愤不平。每次觐见皇帝，都一再陈述自己在伐吴之战中的种种辛苦以及被人冤枉的悲愤，有时感情激动，也不向皇帝辞别，便愤愤离开朝廷。他的一个亲戚范通对他说："足下的功劳可谓大了，可惜足下居功自傲，未能做到尽善尽美！"

王濬问："这话什么意思？"

范通说："当足下凯旋之日，应当退居家中，再也不要提伐吴之事，如果有人问起来，你就说'是皇上的圣明，诸位将帅的努力，我有什么功劳可夸的！'这样，王浑能不惭愧吗？"

王濬按照他的话去做了，谗言果然自息。

喜好虚荣，爱听奉承，这是人性的弱点，作为一个万人瞩目的帝王更是如此。有功归上，正是迎合了这一点。你想谁不愿意功劳卓著？尤其是君主，哪个能容忍臣下的功劳超过自己呢？

龚遂是汉宣帝时代一名能干的官吏。当时渤海一带灾害连年，百姓不堪忍受饥饿，纷纷聚众造反，当地官员镇压无效，束手无策，宣帝派70多岁的龚遂去任渤海太守。

龚遂轻车简从到任，安抚百姓，与民休息，鼓励农民渔田种桑。经过几年治理，渤海一带社会安定，百姓安居乐业，温饱有余，龚遂名声大振。

于是，汉宣帝召他还朝，他有一个属吏王先生，请求随他一同去长安，说："我对你会有好处的！"其他属吏却不同意，说："这个人，一天到晚喝得醉醺醺的，又好说大话，还是别带他去为好！"龚遂说："他想去就让他去吧！"

到了长安后，这位王先生终日还是沉溺在醉乡之中，也不见龚遂。可有一天，当他听说皇帝要召见龚遂时，便对看门人说："去将我的主人叫到我的住处来，我有话要对他说！"

龚遂也不计较一副醉汉狂徒嘴脸的王先生，果真来了。

王先生问："天子如果问大人如何治理渤海，大人当如何回答？"龚遂说："我就说任用贤才，使人各尽其能，严格执法，赏罚分明。"王先生连连摇头道："不好！不好！这么说岂不是自夸其功吗？请大人这么回答'这不是小臣的功劳，而是天子的神灵威武所感化！'"

龚遂接受了他的建议，按他的话回答了汉宣帝，宣帝果然十分高兴，便将龚遂留在身边，任以显要而又轻闲的官职。

做臣下的，最忌讳自表其功，自矜其能，这种人十有九个要遭到猜忌而没有好下场。

当年刘邦曾经问韩信："你看我能带多少兵？"韩信说："陛下带兵最多也不能超过十万。"刘邦又问："那么你呢？"韩信说："我是多多益善。"

这样的回答，刘邦怎能不耿耿于怀！伴君如伴虎。懂得如何与领导相处、明哲保身，充满了智慧。一些人自以为有功便忘了上司，总是讨人嫌。把功劳让给上司，才是明智的捧场，是稳妥的自保。

高辉很有才气，做起杂志策划很有自己的一套，因此很受欢迎，有一次还得了创新奖。一开始他还很高兴，但过了一段时间，他却笑不起来了。他告诉一位朋友说，他的上司最近常给自己脸色看。

这位朋友问清楚他的情况后，指出了他犯的错误。原因是这样的：高辉得了创新奖，受到了上级领导的表扬，因此除了单位新闻部颁发的奖金之外，另外给了他一个红包，并且当众表扬他的工作成绩，夸他是块主编的料儿。但是他并没有在现场感谢上司和同事们的协助，更没有把奖金拿出一部分请客。遗憾的是，高辉不信朋友的分析，结果3个月后就因为待不下去而辞职了。

这份杂志之所以能得奖，自然高辉是贡献最大的，但是他也不能独享了这份荣誉。上司会觉得他目中无人，恃才自傲；其次高辉的才华也让他的上司产生了不安全感，上司害怕失去权力，为了巩固自己的领导地位，高辉自然就没有好日子过了。

与上司相处，一定要在各方面维护上司的权威，不要恃才傲物，居功自傲，那样终会成为上司和同事们的"眼中钉"。工作中取得了成绩，会给你带来一定的荣耀，但是，你一定要把这份荣誉归功于上司，把鲜花让给上司戴，把众人的目光引到上司身上。否则，你抢了上司的风头，后果就严重了。

在现实中，一定要注意以下几点。

第一，态度上要端正。你要认清形势，无论你的上司多么无能，他就是上司，你就是下属，你不能改变就必须面对。

第二，行动上要低调。将心比心，你也不希望下属的锋芒盖过你吧？所以，不论在公共场合或者私底下，你都要给足上司面子。比如写个报告，写好后要送上司审阅，让上司做些无伤大雅的修改；有上司在的话，别人表扬你的工作不要忘了附带一句，谢谢上司的支持。在大家讨论工作问题时，不要和上司发生激烈的争执，有意见可以私底下好好说。

第三，千万不要越级汇报和邀功。这在很多公司都是非常忌讳的。

王凯在销售经理肖金的指导下，出了一个20万元的单，该业绩理所当然算作两个人的。但是王凯觉得所有工作都是自己做的，肖金只是在旁边指点一二，根本就没参与！凭什么肖金把劳动成果占为己有？于是，在愤愤不平之下，王凯给老总发了一封电子邮件说明情况，证明这个单100%是自己做的，跟肖金没关系。老总信了他的话，给他追加了提成。尽管提成增加了，他还是在经理肖金手下干活儿，从此他的噩梦开始了，肖金动不动就给他小鞋穿，最后王凯不得不辞职了事。

如果你能够做到推恩施惠，相信不仅可以避免功高盖主的定时炸弹，而且能够成为一名卓越的领军人物，因为你抓住了为人处世中最核心的部分。可以说，这是千百年来秘而不宣的"潜规则"之一。有很多聪明人，因为不明白这一点，最后稀里糊涂地掉了脑袋。也有很多看起来很傻的人，因为明白了这一点，从而在人生中游刃有余，最终成就了自己的事业和一世的美名！

3. 不要企图替你的上司做决定

谁是公司的最高决策者？当然是老板。无论大事还是小事，都必须由他最后敲定。如果他愿意听你的意见，那么说明你尽可以说说你的想法和看法。但是，你一定要记住一点，那就是千万不能忘了自己的身份，你是下属，他是老板，即便你的意见是对的，你也不能强迫老板采纳，更不能不自量力，自作主张，替老板做主。因为这样就显得你比老板聪明，会让老板很没面子，自然也不会给你好果子吃。

罗马执政官马西努斯围攻希腊城镇帕伽米斯的时候，由于城高墙厚，士兵们死伤惨重却仍未能攻占这座城镇。最后，马西努斯发现城门是最薄弱的环节，于是打算集中兵力猛攻城门，但要攻打城门就必须要用到撞墙槌，当时军中并没有这种器械。马西努斯想起几天前他曾在雅典船坞里看见过两根沉甸甸的船桅，就马上下令把其中较长的一根立刻送来。

然而，传令兵去了多时，桅杆仍未送达。原来是军械师与传令兵发生了争执。军械师认为短的那根桅杆才能真正发挥作用，不但攻城效果比长的那根要好，而且运送起来也方便，他甚至花了不少时间画了一幅又一幅图来证明自己想法的正确，而传令兵则坚持执行命令，既然上司要长的桅杆，他的任务就是把长桅杆送到上司面前。

面对军械师喋喋不休的说辞，传令兵不得不警告他，他们领袖的意见是不容争辩的，他们了解领袖的脾气，军械师终于被说服了，他选择了服从命令。在士兵离开以后，军械师越想越觉得自己的想法是正确的，他觉得服从一道将导致失败的命令是毫无意义的，于是，他竟然违抗命令送去了较短的船桅。他甚至幻想着这根短桅杆在战场上发挥功效，使领袖不得不赏赐他许多战利品以赞扬他的高明。

马西努斯见送来的是那根短的桅杆很生气，马上召来传令兵，要他对情况做出合理的解释。传令兵忙向他汇报说军械师如何费时费力地与他争辩，后来还承诺要送来较长的桅杆。马西努斯对这名军械师的自以为是深感震怒，于是，他下令马上把这名军械师带到他面前来。

又过了几天，军械师才到达，他没有察觉到领袖的震怒，反而为能够亲自向领袖阐述自己的正确理论而扬扬得意。他仍然以专家自居，滔滔不绝地说了许多专业术语，并表示在这些事务上专家的意见才是明智的。马西努斯见军械师仍然不改其说大话的老毛病，十分生气，立刻叫人剥光他的衣服，用棍子活活地将他打死了。

这名军械师可能至死也没有搞懂自己错在什么地方，他设计了一辈子的椽杆和柱子，还被推崇为这方面最好的技师，凭他的经验，他知道自己是对的，因为较短的撞墙槌速度快、力度强，更适合攻城。他可能永远也没办法想通，他费尽口舌向统帅解释了大半天，为什么统帅仍然坚持他的无知呢？

现实生活中，像军械师这样自以为是的人随处可见，即便在上司面前也不懂得收敛。虽然我们不能否认他们的聪明才智，但是他们犯了领导的大忌，领导或许能接受你的意见，但绝对不容许你替他做决定，你的越俎代庖会让他觉得你是自作聪明，对他不够尊重。所以，记住：献策，而非决策。

张燕年轻干练、活泼开朗，进入企业不到两年，就成为主力干将，是部门里最有希望晋升的员工。一天，公司经理把张燕叫了过来："小张，你进入公司时间不算长，但看起来经验丰富，能力又强，公司将开展一个新项目，就交给你负责吧！"

受到公司重用，张燕欢欣鼓舞。恰好这天要去南京谈判，张燕考虑到一行好几个人，坐公交车不方便，人也受累，会影响谈判效果；打车一辆坐不下，两辆费用又太高；还是包一辆车，经济又实惠。

主意定了，张燕却没有直接去办理。几年的职场生涯让她懂得，遇事向上级汇报是绝对必要的。于是，张燕来到经理办公室。"老板，您看，我们今天要出去，这是我做的工作计划。"张燕把几种方案的利弊分析了一番，接着说："我决定包一辆车去！"汇报完毕，张燕满心欢喜地等着赞赏。

但是却看到经理板着脸生硬地说："是吗？可是我认为这个方案不太好，你们还是买票坐长途车去吧！"张燕愣住了，她万万没想到，一个如此合情合理的建议竟然被驳回了。张燕大惑不解："没道理啊，傻瓜都能看出我的方案是最佳的。"

其实，问题就出在"我决定包一辆车去"这句自作主张的话上。张燕凡事多向上级汇报的意识是很可贵的，但她错就错在措辞不当。

在上级面前，说"我决定如何"是最犯忌讳的。

如果张燕能这样说："经理，现在我们有三个选择，各有利弊。我个人认为包车比较可行，但我做不了主，您经验丰富，您帮我做个决定行吗？"领导若听到这样的话，绝对会做个顺水人情，答应你的请求，这样才会两全其美。

领导喜欢的是那些谦虚好学的下属，聪明的你要把你的决定以最佳的方式渗透给他，让你的决定从主动的提议变成被动的接受。忌急躁粗暴，多倾听和征求老板的意见和建议，少做一些不容辩驳的决定，即使你可能是对的。即便对待能力不强的上级，你同样要保持尊重，不擅自行动和做决定。这些如果你都做不到，就有可能遭受老板的冷遇。

一个人的身份地位决定了他的行事风格。如果你是下属，那么即便你有天大的才能，即便你的上司是个白痴，你也不能自作主张，替他做决定。要知道他才是决策者，你充其量只有提提建议的权利，你替他做决定，就等于无视他的存在，不把他放在眼里，如此，他怎么能容忍？怎么会给你好果子吃？

4. 骄傲是阻碍进步的大敌

骄傲使我们谴责那些我们自认为已经改正的缺点，同时蔑视那些我们不具备的好品性。

人们总是不会缺乏骄傲的理由，一件新衣服，一种新发型，都能引起他们的骄傲之心。骄傲和虚荣常常是一对孪生兄弟，虚荣的结果常常是骄傲，但骄傲并不等于虚荣，即使你已经没有了虚荣心，你仍然会骄傲。

南宋时，江西有一名士傲慢至极，待人无礼。一次他提出要与大诗人杨万里会一会。杨万里谦和地表示欢迎，并提出希望他带一点儿江西的名产配盐幽菽来。名士见到杨万里开口就说："请先生原谅，我读书人实在不知配盐幽菽是什么乡间之物，无法带来。"杨万里则不慌不忙从书架上拿下一本《韵略》，翻开当中一页递给名士，只见书上写着"豉，配盐幽菽也"。

原来杨万里让他带来的就是家庭日常食用的豆豉啊！此时名士面红耳赤，方恨自己读书太少，后悔自己为人不该太傲慢。

这个故事告诉我们一个道理：学无止境，即使有了些许成绩，做人也不能骄傲。骄傲对所有的人都是公平的，它让所有人都分享到它的"恩泽"，只是每个人用不同的表现方式和手段来表现它罢了。我们批评别人太过骄傲，却常常看不到自己，如果你自己没有骄傲之心，就不会觉得别人的骄傲是种冒犯。

　　曾经有一个学者，学富五车，精通各种知识，所以自认为学问无人可及，很是骄傲。他听说有个禅师学识渊博，非常厉害，很多人在他面前都称赞那个禅师，学者很不服气，打算找禅师一比高下。学者来到禅师所在的寺院，要求面见禅师，并对禅师说："我是来求教的。"

　　禅师打量了学者片刻，将他请进自己的禅堂，然后亲自为学者倒茶。学者眼看着茶杯已经满了，但禅师还在不停地倒水，水溢出来，流得到处都是。"禅师，茶杯已经满了。""是啊，是满了。"禅师放下茶壶说，"就是因为它满了，所以才什么都倒不进去。你的心就是这样，它已经被骄傲、自满占满了，你向我求教，能听得进去什么呢？"

　　这件事情传出后，顿时成为一段佳话。谦虚是一种美德、一种高尚的情操，所以高尚的人必然谦虚。

　　19世纪的法国名画家贝罗尼到瑞士去度假，但他并不是单纯地四处游玩，而是每天仍然背着画架到瑞士各地去写生。

　　有一天，贝罗尼正在日内瓦湖边用心画画，来了三位英国女游客，站在他身边看他画画，还在一旁指手画脚地批评，一个说这儿不好，一个说那儿不对，贝罗尼没有反驳，都一一修改过来，末了还跟她们说了声"谢谢"。

　　第二天，贝罗尼有事到另一个地方去，在车站又遇到昨天那三位游客，她们此时正交头接耳，不知在讨论些什么。那三位英国女游客看到他，便朝他走过来，向他打听："先生，我们听说大画家贝罗尼正在这儿度假，所以特地来拜访他。请问你知不知道他现在在什么地方？"贝罗尼朝她们微微弯腰致意，回答说："不好意思，我就是贝罗尼。"三位英国游客大吃一惊，又想起昨天不礼貌的行为，都不好意思地跑掉了。

骄傲有很多的害处，但最危险的结果就是让人变得盲目与无知。骄傲会培育并增长盲目，让我们看不到眼前一直向前延伸的道路，让我们觉得自己已经到达山峰的顶点，再也没有爬升的余地，而实际上我们可能正在山脚徘徊。所以说，骄傲是阻碍我们进步的大敌。同情我们敌人的不幸，常常更多的是由于骄傲而非善良，我们之所以对他们表示同情并不是出于安慰的好心，在很大程度上是为了显示我们比他们技高一筹。

5. 才高自敛方是自保之道

我们身边总是不缺自视清高的人，更不缺狂妄自大的人。他们自恃有才，就好为人师，目中无人，忘记了"山外有山，楼外有楼"的道理。有才华对一个人来说是件好事，可是如果将此当成骄傲的资本，往往一事无成。

祢衡年少才高，目空一切。

建安初年，二十出头的他初到许昌。当时许昌是汉王朝的都城，名流云集，陈群、司马朗、赵稚长等人都是当世名士。有人劝祢衡结交陈群、司马朗，祢衡说："我怎能跟杀猪、卖酒的在一起？"劝其参拜荀文若、赵稚长，他回答道："荀文若一副好相貌，如果吊丧，可借他的面孔用一下；赵某是酒囊饭袋，只好叫他看厨房了。"这位才子唯独与少府孔融、主簿杨修意气相投，他对人说："孔文举是我大儿，杨德祖是我小儿，其余碌碌之辈，不值一提。"由此可见他何等狂傲。

献帝初年，孔融上书荐举祢衡，大将军曹操有召见之意。祢衡看不起曹操，抱病不出，还口出不逊之言。曹操求才心切，为了收买人心，还是给他封了个击鼓的小吏，借以羞辱他。一天，曹操大宴宾客，命祢衡穿戴鼓吏衣帽当众击鼓为乐，祢衡竟在大庭广众之下脱光衣服，赤身裸体，使宾主讨了个没趣。曹操恨祢衡入骨，但又不愿因杀他而坏了自己的名声。

曹操心想像祢衡这样狂妄的人，迟早会惹来杀身之祸，便把祢衡送给荆州的刘表。祢衡替刘表掌管文书，颇为卖力，但不久便因傲慢无礼而得罪众人。刘表也聪明，把他打发到江夏太守黄祖那里去。

祢衡为黄祖掌书记，起初干得也不错。后来黄祖在战船上设宴，祢衡说话无礼受到黄祖呵斥，祢衡竟顶嘴骂道："死老头，你少啰唆！"黄祖性子急，盛怒之下把他杀了。其时，祢衡仅26岁。祢衡文才颇高，桀骜不驯，有一技之长，本应受人尊重，却没有因这一技之长而受惠。

祢衡自恃一点文墨才气便轻看天下。殊不知，在古代一介文人并没有什么了不得，赏则如宝，不赏则如敝履，不足左右他人也。祢衡似乎不知道这些，他孤身居于权柄高握之虎狼群中，不知自保，反而放浪形骸，无端冲撞权势人物，最后因狂纵而被人杀害。

其实，一个人狂妄自大的程度并不取决于他有多少学问，而是取决于他的态度。也就是说，狂妄的人实际上也许并没有多少学问，往往是自吹自擂，夸夸其谈。他们所表现的高傲、不屑一顾，实际上是一种心灵空虚的补充剂，以维持其虚荣心。

一个风景优美、繁密茂盛的森林里居住着许多动物，不但有狮子、老虎、狼、狐狸等食肉动物，还有蚊子、蜘蛛这样的小生命。

有一只蚊子，它每天都在想："在这个王国中，狮子应该是百兽之王了吧，没有比它更有力、更强大的动物了。只要我能把它打败，那么我将

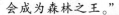

会成为森林之王。"

经过一番认真的准备，这只蚊子终于向狮王宣战了。它扇动着翅膀飞到狮子面前，对狮子说："狮子，我不怕你，你并不比我强大，不信，咱们较量较量。"

可惜蚊子的声音太弱小，狮子根本没听见，仍在那儿悠然地闭目养神。蚊子见了，气得火冒三丈，用尽吃奶的劲儿对狮子喊道："你这只笨狮子，我们比试比试，看你有什么本事？是用爪子抓，还是用牙齿咬，我都比你强得多。"说着蚊子鼓足了力气向狮子冲去。

狮子这下可慌了，觉得脸上奇痒无比，睁大了眼睛瞧，还是看不清蚊子进攻的方向。蚊子恶狠狠地向狮子的脸上咬去，它专咬狮子鼻子周围没有毛的地方。狮子左躲右闪，用力晃动着头，张开血盆大口猛扑向蚊子，可是蚊子小巧灵活，狮子的嘴巴总是咬空，气得它拼命挥动着爪子，一顿乱抓乱挠。尽管如此，狮子还是没有捉住蚊子。

蚊子高兴极了，向狮子威胁说："快认输，不然我咬死你。"狮子从来没受过这个罪，它怒吼着扑向蚊子，不过很遗憾，又失败了，气得乱叫。蚊子趁势又朝狮子发动了进攻，叮得狮子用爪子把自己的脸都抓破了。没办法，狮子落荒而逃。

"我赢了！"蚊子得意地吹着胜利的喇叭，唱着欢乐的凯歌飞走了。它一边走一边喊："我战胜了狮子，我才是最了不起的，我要当森林之王。"蚊子得意忘形地飞着，完全忘了四周存在的危险。突然，它自己钻进了一个软软的东西中，身体被粘住了。它挣扎着，想要离开，但是越挣扎粘得越紧。这下蚊子清醒了，原来自己被蜘蛛网粘住了。

蜘蛛凶相毕露地向它爬来，蚊子完全被胜利冲昏了头脑，并没有意识到自己的险境，它大声地对蜘蛛说："蜘蛛，我刚刚打败了狮子，你快放了我，我不屑和你打仗。"蜘蛛听了冷笑道："蚊子，你别白费力气了，不管你曾经打败过谁，现在都是我的俘房，吃掉你易如反掌，你将成为我的晚餐。"

蚊子最后叹息着说："我同最强大的动物都较量过，取得了辉煌的战果，没想到，却败在一只小小的蜘蛛手上。"

无论什么时候，都不要争强好胜，更不要狂妄自大。要知道，强中更有强中手。争强好胜、狂妄自大可能一时会得胜，但一定不会长久。这样的人，迟早会自食恶果。恃才傲物放在心中无关紧要，如果表现在言行上就会招来诸多祸端。

生活中有些人总好炫耀自己曾经的辉煌，甚至炫耀别人的业绩似乎也能为自己带来光荣，这是极不光彩的。经验丰富自然值得尊重，但老是挂在嘴上当歌唱，就会贬值了。一个真正成功的人是不喜欢自吹自擂的，因为群众的眼睛是雪亮的，如果你真有本事，又何须炫耀呢？功劳是客观存在的，别人抹杀不掉，而自己吹嘘也不会增添半点。

东汉初时的名将冯异在建立东汉王朝的战争中屡立功勋，然而他在每次战争后，总独自躲在大树下，而不像其他人那样，聚在一处争说自己的功劳，因而他赢得了"大树将军"的美称。

古今中外，有不少居功自傲的人，最终还是落得身败名裂的下场，只有那些继承了谦虚美德的老实人才能"赢得生前身后名"，为人所津津乐道。

美国南北战争时，北军格兰特将军和南军李将军率部交锋，经过一番空前激烈的血战后，南军一败涂地，溃不成军，李将军还被送到爱浦麦特城去受审，签订降约。无疑，格兰特将军是最后的胜利者，但是他并没有自吹自擂，而是表现得非常谦虚。他说："李将军是一位值得我们敬佩的人物。他虽然战败被擒，但态度仍旧镇定异常。像我这种矮个子，和他那六尺高的身材比较起来，真有些相形见绌。他仍穿着全新的、完整的军服，腰间佩着政府奖赐他的名贵宝剑；而我却只穿了一套普通士兵服装，只是衣服上比士兵多了一条代表中将军衔的条纹罢了。"这一番谦虚的话，远比自吹自擂好得多。

有本事要让别人去评价，切勿自我吹嘘、自我炫耀，因为你的成绩、你的成功，别人会比你看得更清楚。只有对自己的成就持有怀疑态度的人，才爱在人家面前抢风头，以掩饰不足。

曾经有人说："愈是不喜欢接受别人赞誉的人，愈是表明他知道自己的成功是微不足道的。"假使一个人常常把一点微不足道的成绩当作一桩了不得的事情，那他无异于是在欺骗自己，就像那些被魔术欺骗了的观众一样。这样的人早晚会走上失败之路，因为他早已没有自知之明了。一个没有自知之明的人做事就如同盲人摸象，又如何会取得成功呢？

好自我炫耀的人，常常是外强中干的。他们的目的只不过是为了引起大家对他的关注，以满足自己的虚荣心。没有本事却胡乱吹嘘，必定会被人揭穿真相而颜面尽失；有真本事也不要挂在嘴上，俗话说"群众的眼睛是雪亮的"，你有几斤几两，旁观的人心知肚明。因此，还是收敛一下嘴上功夫，用行动说话最好。

6. 要懂得过满则溢的道理

我们知道，鲜花盛开得最娇艳的时候，最容易被人采摘，也就是衰败的开始。我们也知道，在武术中有一种高难度拳术，叫"醉拳"。"醉拳"的厉害在于一个"装醉"，表面上跌跌撞撞，踉踉跄跄，不堪一击，而其实"形醉而神不醉"，醉醺醺之中却暗藏杀机，就在对方麻痹大意之时，将其打趴在地。所以，有"花要半开，酒要半醉"之说，人生在世也是这个道理。如果你才华横溢、聪明绝顶，自然是好事，但同时也要懂得内敛，学会装醉，不然当你志得意满、目空一切的时候，别人会把你当成枪靶子、眼中钉。

郑重读大学时是一个各方面能力都很突出的学生，毕业后顺利地进入一家很不错的公司。几年时间里，他兢兢业业地工作，每天第一个来到公司，最后一个离开。凭借自身的能力和对工作的极大热情，他很快就取得了良好的业绩，多次在会上受到领导的赞扬。

事业的顺利，让他渐渐有些骄傲和自满。对一些稍有难度的工作，他为了显示自己有能力，故意在同事面前把它说得很轻松。

不仅如此，他还经常对同事的工作指指点点："你怎么能这么做呢？你都不会……"甚至插手他人的工作。慢慢地，大家对他有些微词，可是他浑然不觉，一直沉浸在自己的小成就里。

有一次，公司全体员工开例会，领导将近期的业绩做了一个总结，并下达了下一阶段的工作任务。作为会议的结束语，领导问大家还有没有要说的，郑重听后，认为领导有一个很重要的工作情况说得不全面。于是，他说他有问题要补充，接着就开始长篇大论，甚至在言辞上驳斥了领导的观点。在听取了郑重长达十几分钟的"演讲"之后，领导面有难色地表示郑重补充得很好，值得大家学习。

那次开会之后，郑重发现领导不仅有意地冷落他，而且很多决策也不再找他商量，同事们也刻意地躲避他，这使他陷入深深的苦恼之中。

站在创造业绩的角度上说，郑重是一名优秀的员工，但是在人际关系上，他是一名典型的失败者。他的失败之处就在于不会遮掩自己的锋芒，给同事和领导造成了很大的压力。

你不锋芒毕露，可能得不到重任；但是，你锋芒太露却又容易招人陷害。

在古代，锋芒太露而惹祸上身的典型就是为人臣者功高震主。打江山时，各路英雄会聚一个麾下，锋芒毕露，一个比一个有能耐。君主当然需要借这些人的才能实现自己图霸天下的野心。但天下已定，这些虎将功臣的才华不会随之消失，这时他们的才能成了君主的心病，让他感到威胁，所以屡屡有开国之初杀功臣之事，所谓"杀驴"是也。韩信被杀，明太祖火烧庆功楼，无不如此。

读过《三国演义》的人可能会注意到，刘备死后，诸葛亮好像没有大的作为了，不像刘备在世时那样运筹帷幄，满腹经纶，锋芒毕露了。在刘备这样的明君手下，诸葛亮是不用担心受猜忌的，并且刘备也离不开他，因此他可以尽力发挥自己的才华，辅助刘备，打下一片江山，三分天下而有其一。刘备死后，阿斗继位。刘备当着群臣的面说："如果这小子可以辅助，就好好扶助他；如果他不是当君主的材料，你就自立为君算了。"诸葛亮顿时冒了虚汗，手足无措，哭着跪拜于地说："臣怎么能不竭尽全力，尽忠贞之节，一直到死而不松懈呢？"说完，叩头流血。刘备再仁义，也不至于把国家让给诸葛亮，他说让诸葛亮为君，怎么知道这里没有杀他的心思呢？因此，诸葛亮一方面行事谨慎，鞠躬尽瘁，另一方面则常年征战在外，以防授人"挟天子"的把柄。而且他锋芒大有收敛，故意显示自己老而无用，以免祸及自身。这种收敛锋芒的韬晦之计是诸葛亮的大聪明。

当今社会，与领导交往有一个技巧就是"故意装傻"，就是指不炫耀自己的聪明才智、不反驳对方所说的话。其实要做到这一点是非常不容易的。然而，不是人人都可以傻得恰到好处，如果没有掌握得恰到好处，反而会弄巧成拙。

一个有才华的人，要做到不露锋芒，既能有效地保护自我，又能充分发挥自己的才华，不仅要战胜盲目骄傲自大的病态心理，凡事不要太张狂、咄咄逼人，更要养成谦虚让人的美德。不要把自己看得太了不起，更不要稍有成就便得意忘形，以为自己绝顶聪明。殊不知树敌太多，事事必受他人阻扰。该收敛时就收敛，夹起尾巴好做人，切勿光芒晃人眼。

"良贾深藏若虚，君子盛德容貌若愚。"善于做生意的人，总是隐藏其宝货，不叫人轻易看见；君子品德高尚，外表却显得愚笨拙劣。有才华是好事，但不能将其作为炫耀的资本，既要显露才华，又要明哲保身，这才是为人处世之上策。

第八章

选择不对，越努力越是吃大亏

人生的道路充满了一个个交叉的十字路口，只有在每一个路口都做出正确的选择，才能在绚丽的人生大道上走出一串串坚定的脚印，实现人生价值。选择不对，努力白费，还会让自己吃大亏。

1. 选择自己喜欢和擅长的事做

据调查，职场中有28%的人正是因为找到了自己最擅长的职业，才把自己的优势发挥得淋漓尽致，彻底掌握了自己的命运。相反，有72%的人正是因为不知道自己适合的职业，而总是做着不擅长的事，因此，在工作中既得不到成就感，又无法脱颖而出，更谈不上成就大事了。

世界上大多数人都是平凡人，但大多数平凡人都希望自己有番不平凡的作为，希望自己能够成就大事，实现梦想，才华获得赏识，能力获得肯定，拥有名誉、地位、财富。但令人遗憾的是，只有少数人做到了。

如果你用心去观察那些成功人士，会发现他们几乎都有一个共同点：不论才智高低与否，也不论他们从事哪一种行业、担任何种职务，他们都在做着自己最擅长的事。

从很多例子可以发现，一个人的成就主要来自他对自己擅长的工作的专注和投入，无怨无悔地付出努力才能享受甘美的果实。

美国人桑德斯在39岁时来到肯德基州经营一家加油站。无意之中，他了解到来往加油的人有不少都想顺便吃点食物充饥，便萌生出开家餐厅的念头。桑德斯在站台外搭起6张桌子，并潜心研制菜肴。他将11种香料添加到优质肉鸡中，经过特色烹调技术合成，用压力锅炸制，推出了一道鲜嫩酥滑的炸鸡作为招牌菜，招揽来大批顾客。可是尽管每天都顾客盈门，到了月底盘账，利润却微乎其微。桑德斯百思不得其解，一直没有找到原因。这样过了16年，炸鸡声名远扬，可桑德斯的积蓄却少得可怜。

不幸之事突然降临。因为餐厅周边土地被征作高速公路用地，顾客再不能来用餐，桑德斯不得不折价变卖了所有家当。没有足够的资金另开餐厅，桑德斯只能靠领取救济金度日。这时，他想起曾经有人主动找上门来，请求他转让炸鸡的技术，许诺将以每卖出一只鸡支付5美分费用作为回报。为何不靠贩卖炸鸡技术来赚钱呢？灵光一现，困境之中的桑德斯带着压力锅和作料桶，敲开了一家家饭店的大门。

两年之中，在被拒绝了1009次之后，桑德斯终于赢得了第一次授权合作的机会。此后，他坚持不懈地在各地游说，发展到给400家餐厅授权经营。随着炸鸡的影响越来越广，许多餐厅主动申请授权，桑德斯因此赚得盘钵满盈。他要求所有授权餐厅统一取名为"肯德基"，统一形象和技术标准。如今，肯德基已发展成为全球最大的炸鸡连锁集团。

晚年时，桑德斯回忆起当年忙碌却清贫的日子，不禁感叹："要是我能早些正视自己不善于经营餐厅的事实，早点儿把这些活儿交出去，我的人生就将少走一段弯路。"

那么，如何发现自己最喜欢和最擅长的是什么呢？

我们可以参考苹果创始人乔布斯的"明天死去"原则。从17岁起，乔布斯每天都会对着镜子自问："如果今天是我的最后一天，我还会去做将来打算做的那些事吗？"乔布斯相信，在死亡面前，荣辱成败都变得无足轻重，剩下的就是你最紧要的事情。

如果明天死去，那么今天你选择的工作，就是你愿意为之奋斗一生的工作。这样去想，你就会剔除那些看来重要但无关紧要的选项，找到自己最喜欢做的事。

另外，你还应将精力集中在优势领域。盖洛普说，成功就是充分实现你的潜能，而这取决于你能否准确识别并全力发挥你的天生优势。所谓优势，就是你天生能做一件事，不费劲儿，却比其他一万个人做得好。想想看，不要抱怨自己天赋平平，我们每个人必有某种过人之处，那就是你真正擅长的事情。把精力集中在这个领域去专注如一地学习、奋斗，肯定能获得比在任何其他领域更多的成就。

在选定自己喜欢并且擅长的领域之后，割舍变得简单。你会跳出薪酬、忽略福利、忘记工作时间、不计工作地点、抛开职位高低，此时，你才拥有了一份真正意义上的职业规划乃至人生规划。

另外，不要钻牛角尖。有人可能会问，我最喜欢的事只是打游戏，我觉得我打得挺好，当然网上还有很多比我打得好的高人，那么我是否只能去做一个网络游戏的程序开发员？

这就是钻牛角尖了。首先要跳出具体的事情，从本质上来看什么是你所喜欢和擅长的事。如果将打游戏的乐趣折射到你的人生中，你所喜欢和擅长的可能是充满挑战、刺激的任务，胜负分明、成就感丰沛的工作，它可能与团队合作有关，是互联网行业的工作……事实上，你会发现，除了网络游戏开发，还有很多类似的工作能帮你找到发挥个人潜能的出口。喜欢且擅长，不能一叶障目，不见泰山；也要明辨是非，符合社会发展的趋向和大多数人的利益。

天生我材必有用，喜欢且擅长绝不是无原则的偏执，这种优势要能为大多数人创造价值，并且持久地创造价值。所以，选择职业，不单单是找一个能养活自己的工作，这一过程本身就是一个发现自己、认识自己的过程。

内心的喜好是推动事业进步的最大动力，它能帮你克服困难，坚持到底；如果你喜欢的事情有很多，要挑选自己最擅长做的事，这样就能在感受快乐的同时取得超乎常人的成就。

有句话说：世上没有庸才，只有放错了岗位的人才。从根本上讲，别人无法把你束缚在错误的岗位上，能这样做的，只有你自己。

《鲁豫有约》节目采访中，Robin（在百度内部李彦宏的"昵称"）第一次在公开场合谈起了自己的"成功秘诀"。

二十年来，Robin一直在用自己的行动实践着这句话：人一定要做自己喜欢并擅长的事情。他从未离开自己喜欢的行业半步。

百度2005年上市后，就不断有人来劝Robin，"百度有钱了，应该涉足网络游戏，多个赚钱的业务"，那时网游在中国已非常热，国内的互联网企业纷纷投向网游运营商的行列。然而Robin的回答始终是"No"，理由很简单，这不是百度所擅长的。

2007年，中国一家门户网站自主研发的在线游戏收入达到上千万美元，在纳斯达克一石激起千层浪，一条清晰的、坐拥用户群就可以赚到丰厚回报的盈利模式出现在大家眼前，这个行业更热了，业界的大公司纷纷把网游定为战略级产品部署重兵。

这天，有人拿着一组数据翔实的调研报告来找Robin，"从百度社区的用户来看，其中很多人都是网络游戏的玩家，他们每天花在网络游戏上的时间比搜索和社区的都长，既然用户有这方面的需求，我们是不是可以着手尝试涉足网游，让他们在百度平台上得到满足？"

Robin仔细地看完数据，平静地反问："数据确实证明了需求。但是我们做网游的优势又在哪里？"

"我们有这些用户啊，其他这些网站也都谈不上什么优势，只要有用户、有需求，就可以运营起来。"

Robin缓慢地摇了摇头，坦白地说："刚回国的时候我就已看到了中国网民对网络游戏的热情高于其他任何国家的特殊形势。但我自己从来不玩网游，很长时间都搞不懂网游。我想，对于这种自己都不喜欢，更不擅长的事，即使商业机会摆在那儿，我也肯定做不过真正喜欢它的人。所以我选择了搜索。今天你让我选，我还是会这样选。"

"这个行业的利润比我们做搜索高多了！我们有这么充足的用户需求，不做，太可惜了。"

Robin想了想说："那么，我们可以尝试通过合作的方式，为网游厂商提供一个推广平台，让真正喜欢的人来做他们擅长的事，我们只在里边起间接作用吧。"

于是，作为推广方式的第一步，百度游戏频道诞生了。业界很多人分析百度要进入网游领域分羹，分析师们也总是不停地探问，百度什么时候开始进入网游行业？而Robin从不为之所动，他的回答是明确的："暂时没有这个打算。"

正是这样的取舍，使百度能够专注于自己喜欢且擅长的搜索领域，才取得了今天的市场领先地位。

在开始就业过程之前，我们要对自己有一个清醒的认识，认清自己的优点、缺点、长处、短处。首先要从客观实际出发，估计一下自己能否胜任某项职业，扬长避短，而不是一窝蜂地冲向最热门的行业。

以下几项建议，可以帮你选择擅长的工作。

第一，阅读并研究有关选择职业的建议。但不要听信那些说他们可以给你做几项测验，然后指出你该选择哪一种职业的人。这种人的做法已经违背了职业辅导员的基本原则，他们没有考虑被辅导人的健康、社会、经济等各种情况，也没有提供就业机会的具体资料，是毫无科学根据的。

第二，避免选择那些早已热门得不得了的职业。据统计，在美国，职业有两万多种。想想看，两万多！但年轻人仿佛都不太了解这一点。结果呢？在一所学校内，三分之二的男孩子都选择了五种职业——两万种职业中的五项，而女孩子中更有五分之四是这样。难怪总有少数的职业会人满为患，难怪白领阶层会产生不安全感和忧虑。尤其是，如果你要进入法律、新闻、广播、电影这些光鲜亮丽的行业，这些已人潮汹涌的圈子，就必须承受更大的压力。

第三，在你决定选择某一项职业之前，先花一段时间，对该项工作做个全盘性的了解。如何才能达到这个目的？你可以和那些已在这一行业中从事10年、20年或30年的人士谈谈，这些会谈对你的将来可能有极深的影响。拿破仑·希尔从自己的经验中了解到了这一点。拿破仑·希尔在二十几岁时，向两位老人家请教过职业上的问题，后来回想起来，他发现那两次谈话其实是他生命中的转折点。事实上，如果没有那两次谈话，他的人生将会变成什么样子，实在是难以想象。

记住，你是要做出你生命中最重要且影响最深远的两项决定（事业与婚姻）中的一项。因此，在你采取行动之前，应该多花点时间探求职业的真面目。

另外，还得克服"你只适合一项职业"的错误观念！每个正常的人，都可以在多项职业上取得成功，相对地，每个正常的人，也可能在多项职业中成为失败者。以卡耐基为例，一方面，他认为自己适合这一类工作，包括：农艺、果树栽培、农业科学、医药、销售、广告、报纸编辑、教育、林业。另一方面，他相信下述这些领域，他一定不喜欢，而且也会失败：簿记、会计、工程、经营旅馆和工厂、建筑、机械等。

美国著名行为学家杰克·豪尔在题为《从自己的专长着手打造成功》的报告中，非常明确地指出："人与人之间的竞争，不是聪明与不聪明的比赛，而是不同专长的比较，或者说各自在专长方面显示的能力如何，成功者都是因为在专长上充分施展了自己的优势。如果一个人能在自己的专长方面发挥86%的能力指数，那么他就可以获取成功了。"

2. 谋定而后动，诱惑越多越要冷静

成长应该是让自己的心智慢慢成熟，戒除幼稚和冲动。"三思而后行，谋定而后动"是克服冲动的最佳良药，是古代先贤留下的不朽名言。

三思而后行，思考些什么东西呢？思考的是问题的根源和起因。问题发生后，就需要知道发生问题的根源是什么，导致问题的诱因是什么。只有当这些问题的正确答案都找到后，才能考虑解决的方法。

之所以要三思，是因为问题的发生是很多原因导致的，单凭直觉很难得出正确结论，往往需要一段时间的分析归纳或者调查研究，才能理出头绪。而且也有被人制造假象或有人提供虚假线索的可能，一不小心就有误入歧途的危险。所以，思维必须要精细缜密。思考一遍还不够，还需要检查一遍，然后在行动之前还要复查一遍，确保行动万无一失。

三思以后，在解决问题的方案上，还要再考虑，这就是"谋定而后动"的道理。谋就是制订计划，制订方略，即确定解决问题的方针和策略。只有行动方针确定了，才能采取行动。这种行动方针是思考的产物，而不是那种凭冲动想到的。谋略思考是为了寻找合适的方案。冲动型的人总是只想到一种行动，只考虑解决表面上的问题，对后续行动和影响却不考虑。仔细考虑对策后，就有可能既把问题解决，又避免出现副作用。这样才能使问题得到圆满的解决。

谋定而后动就需要在发生问题时沉着冷静，不急于立即采取行动，而是先静下心来想一想。心急的人往往会不耐烦地催促赶快采取行动，因为他们总是担心时间紧急，再不采取行动就来不及了。其实，越忙就越容易出差错。如果事先没有考虑好，路子没走对，反而会耽误时间，所以有句

俗话讲"磨刀不误砍柴工"。先把刀磨好了，看起来耽误工夫，但是在砍的时候由于刀口锋利，效率高，反而节省了时间。也像出门开车，事先把地图看好了，顺着标志一路开去，就可以不绕弯路，节省时间。如果慌忙上路，看起来节省了看地图的时间，但是一旦走错了路，可能就会浪费比看地图长很多倍的时间。

虽然说"条条大路通罗马"，但是肯定有路程最短的捷径。我们不可能一条一条地找，然后才发现最短的路。如果事先花时间研究，问清路线，就可以免去在路上摸索的时间，这样一出发就能踏上最佳的路线。解决问题也是这样，一个问题可能会有许多解决方案，有的方案不好，有的方案虽好但不是最合理的，但是其中有一个肯定是最佳方案。而谋定就是要找到最佳方案。

所以，凡是冲动型的人，一定要认识到自己莽撞行事往往会带来更多更大的麻烦。要时刻记住这样的话："在任何处境下都保持从容理性的风度。心存制约，遇事三思，留有余地。"让自己成为有勇有谋的人。

阿爸带着自己的三个儿子去草原打猎。四人来到草原上，这时阿爸向三个儿子提出了一个问题。

"你们看到了什么呢？"

老大回答说："我看到了我们手中的猎枪，在草原上奔跑的野兔，还有一望无际的草原。"

阿爸摇摇头说："不对。"

老二回答说："我看到了阿爸、哥哥、弟弟、猎枪、野兔，还有茫茫无际的草原。"

阿爸又摇摇头说："不对。"

老三回答说："我只看到了野兔。"

这时阿爸说："你答对了。"

一个能顺利捕获猎物的猎人只会瞄准自己的目标。我们有时之所以不成功，是因为看得太多、想得太多，禁不住太多的诱惑，失去了自己的目标和方向。一个人只有专注于自己真正想要的东西，才更有可能得到它。

人人都渴望成功，但是大部分人都是希望自己成功，而不是一定要成功。不成功就做个普通得不能再普通的凡人，也觉着不错。有这样的想法，自然成功的动机不是特别强烈。因此，倘若碰到什么需要付出代价的事情时，就退而求其次了，或者干脆放弃。

以下这个故事说明了坚强的意志对于把握人生机会的重要性。

一个商人需要一个小伙计，他在商店的窗户上贴了一张独特的广告："招聘：一个能自我克制的男士。每星期4美元，合适者可以拿6美元。""自我克制"这个术语在村里引起了议论，这有点儿不寻常。这引起了小伙子们的思考，也引起了父母们的思考。这则广告引来了众多求职者。

每个求职者都要经过一场特别的考试。

"能阅读吗？小伙子。"

"能，先生。"

"你能读一读这一段吗？"他把一张报纸放在小伙子的面前。

"可以，先生。"

"你能一刻不停顿地朗读吗？"

"可以，先生。"

"很好，跟我来。"商人把他带到他的私人办公室，然后把门关上。他把这张报纸送到小伙子手上，上面印着他要求小伙子不停顿地读完的那一段文字。阅读刚一开始，商人就放出6只可爱的小狗，小狗跑到小伙子的脚边。这太过分了。小伙子经受不住诱惑要看看可爱的小狗。由于视线离开了阅读材料，他忘记了自己的角色，读错了。当然他失去了这次机会。

就这样，商人打发了70个人。终于，有个年轻人不受诱惑和干扰，一口气读完了。

商人很高兴。他们之间有这样一段对话。

商人问："你在阅读的时候没有注意到你脚边的小狗吗?"

年轻人回答道："对，先生。"

"我想你应该知道它们的存在，对吗?"

"对，先生。"

"那么，为什么你不看一看它们?"

"因为你告诉过我要不停顿地读完这一段。"

"你总是遵守你的诺言吗?"

"的确是，我总是努力地去做，先生。"

商人在办公室里走着，突然高兴地说道："你就是我要的人。明早7点钟来上班，你每周的工资是6美元。我相信你大有发展前途。"年轻人的最终发展的确如商人所说。

克制自己是成功的基本要素之一，当你有众多选择时更要深思熟虑，紧紧盯住你的目标。很多的人往往会因某种喜好、某种诱惑而不能把自己的精力完全投入工作中，完成自己伟大的使命。这可以解释成功者和失败者之间的区别。

3. 把握思路选择合适职业

对于求职者来说，成功除了机会的垂青外，更需要周密的准备。选择适合自己的企业对求职者未来的职业发展很关键，所以每一个即将踏入职场的人都应未雨绸缪。

职业生涯规划中，我们常常需要做出这些选择：是要工作舒适轻松，还是要高标准的工资待遇？要成就一番事业，还是要安稳太平？当两者有矛盾冲突时，最终影响我们决策的是存在于内心的职业价值观。可见，价值观对职业生涯的影响是高层的、深远的。

张大亮在一家知名大公司工作，有着高职位、高工资和高待遇。可是后来他选择自己创业当老板。他觉得，在公司里整日疲于应付、平衡各种人际关系，使得自己身心疲惫，没有了做事的激情，始终有种挫败感。因此，这个在别人看来十分诱人的工作对他而言就变得毫无意义，最终他选择了离开。

这个事例说明，当选择工作时，你实际上是在选择一种价值体系，在选择处理人际关系的方式和生活方式。

当你的价值观和你的工作相吻合时，你会觉得自己的工作很有意义，反之，你会觉得缺少些什么。而且这种失落感通常是金钱、权力、名誉等外在事物所不能弥补的。因此，我们选择去留，看上去是为了经济利益，其实根本上是价值观在起作用。

不同时代、不同制度环境甚至不同的自然条件下，人们都会有不同的职业价值观，即使以上条件相同，不同的人也会因为各自的成长环境、教育背景、个性追求等差异而形成不同的职业价值观。作为人们对职业的一种信念和态度，职业价值观往往决定了人们的职业期望，影响着人们对职业方向和目标的选择。

三个工人正在砌一堵墙。有人过来问他们："你们在干什么呢？"

第一个人没好气地说："没看见吗？在砌墙。"

第二个人抬头笑了笑，说："我们在盖一座高楼。"

第三个人边干边哼着歌曲，他的笑容很灿烂，很开心："我们正在建设一个新的城市。"

十年后，第一个人在另一个工地砌墙；第二个人坐在办公室里绘图纸，他成了工程师；第三个人呢，是前面两个人的老板。

同样的工作，同样的环境，因为价值观不同，所以每个人产生了不同的感受，这也决定了他们未来的成就。这个故事告诉我们，一定要找到与自己价值观相契合的职业，那样你才能在工作中寄予自己的理想，从中实现自己的价值。

现实生活中，许多人都面临着两难困境：他们所从事的职业收入丰厚，但是他们痛恨自己所贩卖的产品或提供的服务。这种人生价值和工作价值的冲突，使我们的身心和工作都受到了伤害。唯一的解决方式就是寻找一种职业，让它与你所拥有的价值观相互协调。如同公司需要长远发展战略一样，个人也需要目光远大，以便使我们的未来能够保持平衡，拥有足够的活力。

职业价值观也叫工作价值观，是价值观在所从事的职业上的体现，或者在职业生涯中表现出来的一种价值取向。职业价值观是个人对某项职业的价值判断和希望从事某项职业的态度倾向，即个人对某项职业的希望、愿望和向往。

职业价值观表明了一个人通过工作所要追求的理想是什么，是为了财富，还是为了地位或其他因素。不同的人有不同的价值观念，而不同的价值观念适合不同的职业或岗位。如果在制定职业生涯规划选择职业时，没有考虑自己的价值观念，选择了不适合自己的职业，也就很难在这个岗位上工作下去，当然也就谈不上事业发展的成功。因此，认真分析和了解个人的职业价值观，对正确开展职业生涯规划有重要的意义。

在确定职业方向时，可以进行以下测试。

请试着把下面6项进行排序，这可以帮你了解如何利用价值标准中的观点，对职业的具体内容及要求进行分析。

成功

如果你的满足感来自于"成功"这个价值，那么你所从事的工作应该是你最擅长的，能让你发挥最大的能力，或者是你曾经接受过专业培训所要做的。在你的工作中，你会看到自己努力的成果。通过频繁开发新项目、得到新奖励，你会从中感受到成功的喜悦。

职业范例：生物学家、药剂师、律师、主编、经济学家、公务员。

认同

如果你的满足感来自于"认同"这个价值，那么你应该寻找那些有好的提升机会、好的声望，并且有潜在的成为领导的机会的工作。

职业范例：大学行政人员、音乐指挥、劳动关系专家、飞机调度员、制片人、技术指导、销售经理。

独立

如果你的满足感来自于"独立"这个价值，那么你应该寻找的是那种靠你的主动性去完成的、能让你自己做主的工作。

职业范例：政治学家、作家、有毒物质研究专家、IT经理、教育协调员、教练。

支持

如果你的满足感来自于"支持"这个价值，那么你要寻找的工作应该是那种成为员工的有力后盾的公司，其主管的管理方式会让员工觉得很舒服。那种公司应该以其令人满意的公平的管理体制而著称。

职业范例：保险代理人、测量技师、变压器修理工、化学工程技师、公益事业经理、防辐射专家。

工作条件

如果你的满足感来自于"工作条件"这个价值，那么在找工作的时候，你应该考虑薪水、工作稳定性，以及良好的工作环境。另外，找工作的时候还要考虑它是否与你的工作模式相适合。比如，你是喜欢整天忙碌，还是喜欢独立工作，又或者喜欢每天都可以做很多不同的事情。

职业范例：保险精算师、按摩师、打字员、心理辅导师、法官、会计师、预算分析员。

人际关系

如果你的满足感来自于"人际关系"这个价值，那么你应该寻找那种同事很友好的工作。这种工作能让你为别人提供服务，不需要你做任何违背你的是非观的事情。

职业范例：人力资源经理、语言教师、牙科医生、牙齿矫正医师、公共健康教师、运动培训师。

总之，我们的价值观决定了我们的生活态度，从而决定了我们的职业取向并导致我们做出各种的职业选择，这种选择决定我们的职业状况从而决定了我们的生活方式，这种生活方式又最后决定了我们的人生幸福感。

4. 选一个带你成长的好老板

　　古人云：良禽择木而栖，良臣择主而事。这句话有很深刻的含义。打工者特别是年轻的打工者进入职场后，第一要目标明确清晰，知道到哪里去；第二要乘一艘好船，这样才有可能到达成功的彼岸。这就是说，一是要做自己的职业生涯规划，二是要选择一个好老板，让他带领你共同成长。

　　一位职场人士要想实现自己的梦想，必须一步一个脚印历练、积累，借助好老板提供给你的一个平台或舞台，磨炼自己，发挥才干，最终达到目标，实现自己的价值。那么，怎样的老板能带着你共同成长呢？

　　（1）具备远见卓识，将事业发展壮大，同时具有卓越的领导能力，发现、培养和发展下属。注重个人品行修养，凝聚一支铁杆儿优秀团队。这类人有，但比较少，可遇不可求，一旦遇到，要紧跟到底。

　　（2）有理想，有想法，身先士卒，渴望成功，但管理能力、品行修养一般。这也是不错的老板，有强烈的事业心，视职业前途为生命，可以长期跟随。

　　与这样的老板共舞，自己才可能有出头之日。他想把事业做大做强，需要大量追随者，为愿景的实现，他知道应该如何对待得力的下属。

　　（3）有领袖风范，坚韧果敢，有勇有谋，心胸开阔有容人之量，懂得如何培养亲信、笼络人心。他只需具备领导艺术，而不必懂得专业技能。

　　（4）品行端正，不谋私利，不搞阴谋诡计。谁愿意扭曲心灵跟随无德之人？为他尽心竭力，到头来没有好结局，成天处于惶恐之中，这可不是理想的工作环境。

选择一个好的老板，让他带动你一起成长，会发展与提升你创造价值的技能。他不仅仅是只要你干活儿，还会亲自指导与点拨你去做，把他的经验、知识、技能分享甚至传授给你。

选择重于努力，跟着英明的老板，你可能会受重用，会不断成长；而一旦跟错了老板，你就会找不到方向，很多努力也都会被抹杀。那么什么样的老板不可追随呢？

（1）感情生活复杂的老板

这类老板往往喜欢雇用年轻漂亮的女员工，也喜欢用"感情"处理人际关系。可以想见，一个终日拈花惹草、绯闻不断，将最宝贵的时间都耗费在感情纠纷上的老板，是根本无法冷静地经营企业的。

（2）没有成功经验的老板

如果你的老板在商场已闯荡多年，经营的企业少说也有四五家，但却没有一次真正成功的经验，却经常沾沾自喜地说：我经历太多事情了，像我这样垮下去又能站起来的人也不多，毕竟我有我独到之处。那你就应该怀疑自己的选择了。是的，他是有独到之处，能够连续几次从失败中再站起来，的确不是一件易事。相反地，若连续数次都难竟全功，想必他也有某些重大的缺点。若你的老板属于此类型，那你就必须仔细分析他多次失败的原因，一个没有成功经验的老板，你怎能肯定他这一次一定会成功？

（3）事必躬亲的老板

勤勉是一个好习惯，但对于老板来说，事必躬亲就是一个糟糕的习惯。如果老板事不问大小皆要亲自参与，他的下属何时能独立呢？无法独立的下属自然出错的可能就越大，特别是当事必躬亲的老板不在场的时候。如果你不希望永远处在一家名不见经传的小公司，最好选择一位懂得授权的老板，不要在意公司目前的规模大小。除此之外，事必躬亲的老板也无法留住真正的人才。一位有创意、有担当的人绝不希望老板常在左右"束缚"自己。同样，一家留不住人才的公司，你怎能期望它有良好的绩效呢？

(4) 苛刻又小气的老板

有些老板往往是"又要马儿跑，又要马儿不吃草"，这种老板只能称之为"不知何所取，不知何所舍"的老板。鱼与熊掌想兼得的老板，通常是鱼与熊掌都得不到，也是经常因小失大的老板。如果你的老板一直无法克服这个缺陷，那么你该对是否继续留下来三思了。

(5) 朝令夕改的老板

企业环境不断地变化，公司决策当然也需相应地改变。然而任何决策的成败，均需时间来证明。如果你的老板只有积极性，但缺乏耐心的美德，你花费许多时间策划的案子，他在实行三天之后就可以将之取消。或者公司花费数个月酝酿的计划，往往因为访客的一句话而被全盘推翻。更令人沮丧的是，根据老板指示而做的计划，往往石沉大海一样被搁在老板的抽屉。当然，这类老板会将他的做法解释为当机立断。你还会发现，公司上上下下都很忙，忙着收拾残局，忙着在挖东墙补西墙。老板一天到晚都在提出新药方，但他却不明白，有些疾病只有时间可以治愈。

(6) 多疑的老板

这样的老板所持的观念是人治胜过规章制度，这类公司通常没有上轨道的制度。如果你是一个部门主管，经常会在非工作时间接到老板的电话；如果你是基层员工，他也经常会对你表示不痛不痒的"关切"。跟着这样的老板工作，心理负担之重可想而知。

(7) 言行不一致的老板

这类老板最常说的一句话是：赚这么多钱对我并没有什么意义。企业最重要的任务之一就是追求利润，利润是公司生存的唯一命脉，又何必刻意否认呢？在这类公司，依照公司章程，如果中午休息时间为一个小时，老板很可能会在休息到50分钟时进进出出，发出许多噪声将熟睡的员工吵醒，然后再笑容可掬地说：大家继续睡啊！还有10分钟。假以时日，这类言行不一致的老板必然无所遁形。当然，若你也是抱着真真假假、假假真真的人生观，那也无妨。

无论你求职时对即将从事的工作进行了多么深入的研究，但最终你只能找到一份工作。如果你遇到的老板不是那种慧眼识英才的人，看不到你的能力和贡献，甚至毫无道理地打压你，必然阻碍你日后的发展。因此，在找工作时，一定要选个好老板。

5. 跳槽前请三思

职场中，经常有人会埋怨环境，埋怨别人不适应自己或自己不适应别人。于是就不断做出改变，希望可以找到一个可以安身立命的、"情投意合"的单位。不断做出改变的背后，其实很多时候只是将责任推卸给环境和别人的借口，而问题的根本不在于外界或别人身上。正所谓"人贵在自知"，如果一个人不懂得自我反省，无论他去到世界的什么地方，他都会犯同一个错误，最终只会落得心力交瘁、精疲力竭，不知道自己的未来在哪里。

不要根据短时间内的反应就对工作下结论。改变职业前，先争取你圈子中的人的帮助：这个圈子中的人能帮助你识别自己的技能，正像你能给圈子中的其他人提供有价值的观点一样。圈子的支持作用非同一般，因此你与圈子中的人应该至少一个月碰一次头儿，互相交流、互相学习一番。

你觉得自己不再忠实于本职工作了吗？你怨恨目前的工作，对它漠不关心。你目光看着别处，给一些招聘广告回信，到一些招聘咨询处打听消息，接受面试。所有这一切，说明你已开始背叛原先的工作。到了这一步，还有没有挽回的余地呢？

其实，即使你已经得到了新的工作，但在离开之前，你还是可以设法问问你的上司，看看他们是否愿意付给你更高一些的报酬来挽留你。当然，态度必须是诚恳、低调的，切不可用张狂的口气来要挟。你可以告诉他，有人希望你到他们那儿去工作，但你还拿不定主意，不知道该不该接受，毕竟自己对此地有些留恋，不知道公司是否还有别的更好的机会给你，如此等等。你很可能会得到最诚恳和衷心的挽留。

对新公司的考察也要很仔细、慎重。

小施只用了三年时间，经历了三次跳槽，年薪就从10万元涨到了50万元了。"最开始，是觉得上海的就业机会多。"一方面，她觉得上海"紧跟全球经济复苏的趋势"；另一方面，上海毕竟是个相当年轻的城市，缺乏很多国际化的专业人才。小施所处的金融行业，高级人才十分紧俏。

但是后来，她不得不黯然离职，因为"实在做不下去了"。旁人要30年才走完的职业发展道路，小施利用跳槽，只用三年时间便完成了。"等到真坐上独当一面的职位，才知道自己懂的东西太少，积累的东西太少"，根本无法胜任该职位。而且，当初因为一跃跳上了"年薪50万元，"自信心爆棚，实战中却屡屡受挫，于是受打击更大。

揠苗助长似的"跳槽"、升职加薪，看似风光，但跳槽者很可能因此失去对自己的良性评价，也失去耐心等待的基本功，甚至会失去许多看不见的机会。其实历练几年，收获一定会更大。

事业发展、生活品质、经济收入、社会地位、人际关系……真正的跳槽应该方方面面都考虑到，从而达到多赢。

同时，请你记住，在跳槽时不要抛弃过去的一切，而要好好地总结经验，把过去的经历当作一面镜子反省一下自己，然后校正自己的不妥的行为，经营自己的长处。这是你从过去工作中积淀下来的"金子"，有助于你跳到一个新单位后有一个高的起点，会使你的跳槽转职更易取得成功。

跳槽是一种有利有弊的行为。新的工作平台可能不错，可是不管怎样，主观和客观之间还是有距离的。如果换了新的工作并不能如愿以偿的话，负面情绪则容易累积，自责、后悔、否定自己，甚至出现抑郁的倾向。例如，容易失眠，无缘无故感到疲乏，感觉安静不下来，对未来不抱有希望，比平常容易激动，觉得自己是个无用的人，感到生活没有意义，等等。盲目跳槽使人越来越孤僻，不爱与人交往。一次次的跳槽失败导致当事者产生强烈的挫折感，对工作失去信心，对前途失去希望，严重者会引发心理疾患。

跳槽还会使人丧失成就事业最宝贵的敬业精神与团队精神，容易浮躁，凡事浅尝辄止。这样跳来跳去，最终一事无成。太过频繁的跳槽也容易使人缺乏事业的成就感和生活的幸福感，从而做事马虎、不负责任，不利于其敬业精神的培养。而且，这也会影响其个人形象。

就业指导专家强调，只有自己专业技能足够扎实，并且在明确了自己职业规划的前提下，才可以制定跳槽策略；而且跳槽不宜过频，考虑成熟再行动才能避免跳空。初涉职场的新人最好能在一个工作岗位干满三年左右再考虑跳槽，职场老人最少也得2~3年跳一次，到35岁左右，基本上就确定了一生的职业方向。

那么，怎样才能避免非理性跳槽呢？

(1) 注重积累与沉淀

许多有杰出成就的人都注重积累：知识、财富需要积累，人生的体验也需要积累，频繁跳槽不利于经验的积累。

（2）对热门行业的追逐应慎重

不少人择业时易受社会舆论的支配，求热门，盲目从众，而不考虑自身条件及职业特点，结果是在激烈的竞争中败北，或者在其位难尽其职，既影响工作，又压抑自己。

（3）评估新的工作，要对职业进行规划

跳槽要看清大趋势，不要短视，避免盲目追求高薪。先从宏观上仔细分析一下自己将要从事的行业的发展前景及方向，再分析将要加入的公司的文化氛围，看是否与自己的条件相吻合。

（4）正确地评价自己

对自己的性格、能力、专业技能、忠诚度等进行客观评估，从而明白自己适合什么样的职业，自己要"跳"的地方是否适合自己，并为迎接新工作做好心理准备。

（5）设计"超越"的理想目标

跳槽的目标有必要设定得高一点儿，高的不仅仅是薪水和职位，更重要的是，使自己的职业生涯步入高阶。每跳一次，都应该是对自己的职业发展目标的重新设定。

职业发展规划是有规律可循的，3~5年是一个短期目标，在这期间要达到一个什么样的高度，大概心中要有个标志性的事件，实现后就要依此类推进行长期目标的设定。虽然大多数人一生的职业生涯目标可能在一个企业内无法实现，但是在选择跳槽前一定要三思而后行。此番跳跃是否与自己长期的职业生涯规划相吻合，是否能为实现长期的职业目标带来质的飞跃，才是更需要我们认真衡量的。

6. 放弃也是选择，学会取舍才不吃亏

人生在世，有许多东西是我们不愿舍弃的。这之中有既得的，有想要的；有精神的，有物质的；有名利的，有情分的。"难舍""割舍""舍不得"等词，体现了人们面对舍弃时的痛苦和无奈。

从小到大，我们受到的教育都是如何努力、如何坚持、如何永不言弃。其实，很多时候，我们更需要学会如何放弃，从放弃中看到更值得的获得。

小溪放弃青山，是为了回归大海的豪迈；黄叶放弃树干，是为了期待春天的葱茏；蜡烛放弃完美的躯体，才能拥有一世光明；内心放弃凡俗的喧嚣，才能拥有一片宁静。歌德说："生命的全部奥秘就在于为了生存而放弃生存。"要想得到野花的清香，必须放弃城市的舒适；要想得到永久的掌声，必须放弃眼前的虚荣。放弃了蔷薇，还有玫瑰；放弃了小溪，还有大海；放弃了一棵树，还有整片森林；放弃了驰骋原野的不羁，还有策马徐行的自得。善于放弃是一种现实需要，善于放弃是一种处世艺术。

一个老人在行驶的火车上，他刚买的新鞋从窗口掉出去一只，周围的人备感惋惜，不料老人立即把第二只鞋也从窗口扔了下去。

这举动更让车上的人大吃一惊。老人解释说："这一只鞋无论多么昂贵，对我而言已经没有用了，如果有谁能捡到一双鞋子，说不定他还能穿呢！"

老人的胸怀让人佩服，这种放弃值得深思。如果老人看不到放弃的魅

力，学不会放弃，恐怕只有抱着一只鞋伤心哭泣了。

有一位事业颇为成功的女士，别人问她成功的秘诀是什么，她的回答令人意外——放弃。

她用亲身经历对此做了最具体生动的诠释。为了赢得同事和领导的信任，为了更好地向同事和领导学习业务和管理知识经验，为了获得事业成功，她放弃了很多很多：轻闲的办公室工作、舒适的工作环境、数不清的假日，甚至身体健康和生命安全……

天道吝啬，造物主不会让一个人把所有的好事都占全。鱼和熊掌不可兼得，有所得必有所失。从这个意义上说，任何获得都是以放弃为代价的。人生苦短，要想学习更多，获得更多，自然就必须放弃更多。

不懂得放弃的人往往很难得到别人的信任，很难真正学到竞争对手的精华。放弃是一种胸怀，适当让利往往会得到更大利润。实际上，只有"弃"才会"得"，放弃是为了更好地得到。

世界著名科幻小说作家艾萨克·阿西莫夫，曾从事生物化学研究和教学，在教学和研究中，他发现自己有创作科幻小说的天才，于是他对自己做出了冷静客观的分析："我不大可能成为第一流的科学家，但我可能成为第一流的科幻小说家。"阿西莫夫毅然告别了大学课堂和实验室，回到家里，专门从事写作。

阿西莫夫这一聪明的舍弃，成就了他一生创作四百余部科幻著作的辉煌业绩，也为他赢得了世界上最负盛名的科幻小说家的荣誉。舍弃有时是痛苦的，但如果不能忍受一时之痛苦，就有可能招来终生的痛苦。阿西莫夫当时选择舍弃自己朝夕相处的实验室和讲台，内心无疑是痛苦的。但正是因为他忍住了一时的痛苦，而成就了后来的大业。不适当舍弃，那才是阿西莫夫终生的痛苦和悔恨，甚至是世界文学的一个遗憾。阿西莫夫聪明的舍弃，是他本人的幸福，也是读者和世界的幸运。

如果本来没有某种优势，但是却一再地坚持，不舍弃，总想将弱势变成优势，这是可悲的。舍弃自己的短项，等于加强了自己的长项，从而让自己更接近了成功的目标。

人生苦短，因此在争取拥有的同时，也要学会放弃，遇事都要退一步，不必斤斤计较。放弃斤斤计较，放弃是是非非，放弃为自己辩解，你其实就放弃了小市民的俗气和平庸。

不懂得放弃，也就看不到新的机遇，无法学到竞争对手新的优势和特长，就等于把机遇拱手送给竞争对手。

"善于放弃"是一种境界，是历尽跌宕起伏之后对庸俗的一种不屑，是饱经沧桑之后对财富的一种感悟，是运筹帷幄、成竹在胸、充满自信的一种流露。只有在了如指掌之后才会懂得放弃并善于放弃，只有在懂得并善于放弃之后才会获得大成功。放弃失落带来的痛楚，放弃屈辱留下的仇怨；放弃无休无止的争吵，放弃没完没了的辩解；放弃对情感的奢望，放弃对金钱的渴求；放弃对权势的觊觎，放弃对虚荣的纠缠。只有当机立断地放弃那些次要的、枝节的、不切实际的东西，你的世界才能风和日丽、晴空万里，你才会豁然开朗地领悟"小舍小得，大舍大得，不舍不得"的人生真谛。善于放弃，既是遍历归来的路，又是重登旅程的路；既是对过去诱发深思的路，也是对未来满怀憧憬的路。当一切尘埃落定，当一切归于平静，我们才会真正懂得放弃其实也是一种美丽的收获。

第九章

长点心眼儿，别人怎么待你其实是你决定的

你无意识中的行为和态度会教会别人怎么待你，就好比你朝生活这面镜子微笑，它也会对你微笑一样。

如果想让别人尊重你，你首先要尊重别人，不管别人是什么身份，有什么能力；如果想要别人待你热情，你首先就要对人热情；如果想别人不忘记你，你得做出让别人刮目相看的成绩。因此，正是你自己决定了别人怎样待你。

1. 姿态放低点，别人才更容易接受

因工作上的需要，某化妆品公司的经理打算让家住市区的推销员小张去近郊区的分公司工作。在找小张谈话时，经理说："公司研究决定，让你承担新的主要工作。有两个工作点，你任选一个。一个是在远郊区的分公司，另一个是在近郊区的分公司。"

小张虽然不愿离开已经十分熟悉的市区，但也只好在远郊区和近郊区两者中选择一个稍好点的——近郊区。而小张的选择，恰恰与公司的放置不谋而合。而且经理并没有多费多少唇舌，小张也认为选择了相对理想的工作岗位，双方都觉得合适，问题就解决了。

生活中类似的情况有很多，比如对于饭店服务员来说，客人催问菜要做好需要几分钟，如果服务员说的时间比实际情况长了，那么上菜时客人会感到喜出望外；相反，如果服务员说的时间比实际情况短，客人会感到失望甚至是发火。所以，聪明的服务员不会把时间往短里说，宁可先让客人有一点儿小失望，也不愿意菜没按时上来，客人大发雷霆。

为人处世，难免有事业上滑坡的时候；难免有不小心伤害他人的时候；难免有需要对他人批评指责的时候，在这些时候，假若处理不当，就会降低自己在他人心目中的形象。

一次，一架客机即将着陆时，突然通知机上乘客，因为机场拥挤，无法下降，估量到达时刻要推迟1小时。马上，机舱里一片埋怨之声，乘客们期待着这难熬的时刻快些度过。几分钟后，乘务员通知，再过30分钟，

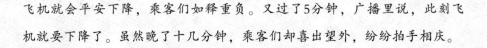

飞机就会平安下降，乘客们如释重负。又过了5分钟，广播里说，此刻飞机就要下降了。虽然晚了十几分钟，乘客们却喜出望外，纷纷拍手相庆。

有的时候，我们到了一个陌生的环境，别人或许对你有很高的期望，这个时候，为了避免出现让别人失望的情况，比如你是刚入职场的新人，如果没有把握能一下站住脚，不妨先把自己的姿态放到最低，这样当你表现不错时，别人会对你格外满意。

蔡女士很少演讲，一次迫不得已，她面对一群学者、评论家演说。她的开场白是："我是一个普普通通的家庭妇女，自然不会说出精彩绝伦的话语，因此恳请各位专家对我的发言不要笑话……"经她这么一说，听众心中的"秤砣"变小了，许多开始对她怀疑的人，也都专心听讲了。她的演说简单朴实，台下的学者、评论家们感到好极了，他们认为她的演说达到了极高的水平。对于蔡女士的成功演讲，他们报以热烈的掌声。

在说服对方时，先拿出一些反面的、不好的例子，这样会增强你的说服力，更容易操纵对方的心理。

当事业上滑坡或遇到意外困难的时候——不妨先把最糟糕的事态委婉地告诉别人，以后即使失败也可立于不败之地；

当不小心伤害了他人的时候——道歉不妨超过应有的限度，这样不但可以显示出你的诚意，而且会收到化干戈为玉帛的效果；

当要说令人不快的话语时——不妨事先声明，这样就不会引起他人的反感，使他人体会到你的用心良苦。

2. 求人办事，看菜吃饭、量体裁衣

鬼谷子说："与智者言，依于博。与拙者言，依于辩。与辩者言，依于要。与贵者言，依于势。与富者言，依于高。与贫者言，依于利。与贱者言，依于谦。与勇者言，依于敢。与过者言，依于锐。""说人主者，必与之言奇。说人臣者，必与之言私。"

有病不能乱投医。求人办事之前，一定要对办事对象的情况做客观的了解。只有知己知彼才能针对不同的对手，采取不同的会谈技巧。办事时要见什么人说什么话，说话不看对象就达不到求人办事的目的，就不能顺利地把事情办好。因此在求求人办事的过程中，一定要根据各种人的身份地位、性格爱好和不同心理采取不同的处理方式，并把握分寸，才能把事情办好。

有个叫刘至的人在吏部做官，提拔了很多同乡人。魏明帝察觉之后，便派人去抓他。他的妻子在他即将被带走时，赶出来告诫他说："明主可以理夺，难以情求。"意思是让他向皇帝申明道理，而不要寄希望于哀情求饶。因为，依皇帝的身份地位是不可能随便以情断事的，皇帝以国为大，以公为重，只有以理断事和以理说话，才能维护好国家利益和作为一国之主的身份地位。

于是，当魏明帝审讯刘至的时候，刘至直率地回答说："陛下规定的用人原则是'唯贤是举'，我的同乡我最了解，请陛下考察他们是否合格，如果不称职，臣愿受罚。"魏明帝派人考察刘至提拔的同乡，他们倒都很称职，于是便将刘至释放了，还赏了他一套新衣服。

　　说话要考虑对方的身份地位，刘至提拔同乡，依据的是朝廷制定的荐举制度。不管此举妥不妥当，它都合乎皇帝在其身份地位上所认可的"理"。刘至的妻子深知跟皇帝难于求情，却可以"理"相争，于是叮嘱刘至以"举尔所知"和用人称职之"理"，来规避提拔同乡、结党营私之嫌。

　　求人办事，除了要考虑对方的身份以外，还要注意观察对方的性格。一般说来，一个人的性格特点往往通过自身的言谈举止、表情等流露出来，如快言快语、行为利落、眼神锋利、情绪易冲动的人，往往是性格急躁的人；直率热情、活泼好动、反应迅速、喜欢交往的人，往往是性格开朗的人；表情细腻、眼神稳定、说话慢条斯理、举止注意分寸的人，往往是性格稳重的人；安静、抑郁、不苟言笑、喜欢独处、不善交往的人，往往是性格孤僻的人；口出狂言、自吹自擂、好为人师的人，往往是骄傲自负的人；懂礼貌、讲信义、实事求是、心平气和、尊重别人的人，往往是谦虚谨慎的人。对于这些不同性格的对话对象，一定要具体分析，区别对待。

　　《三国演义》中，马超率兵攻打葭萌关的时候，诸葛亮私下对刘备说："只有张飞、赵云二位将军，方可对敌马超。"这时，张飞听说马超前来攻关，主动请求出战。诸葛亮佯装没听见，对刘备说："马超智勇双全，无人可敌，除非往荆州唤云长来，方能对敌。"张飞说："军师为什么小瞧我！我曾单独抗拒曹操百万大军，难道还怕马超这个匹夫！"诸葛亮说："马超英勇无比，天下的人都知道，他渭桥六战，把曹操杀得割须弃袍，差一点儿丧命，绝非等闲之辈，就是云长来也未必能战胜他。"张飞说："我今天就去，如战胜不了马超，甘愿受罚！"诸葛亮看"激将"法起了作用，便顺水推舟地说："既然你肯立军令状，便可以为先锋！"

　　性格有时会影响做事的效果。诸葛亮针对张飞脾气暴躁的性格，常常采用"激将法"来说服他。每当遇到重要战事，先说他担当不了此任，或说怕他贪杯酒后误事，激他立下军令状，增强他的责任感和紧迫感，激发他的斗志和勇气，扫除他的轻敌思想。

我们在办事时，虽然被求者的情况有种种不同，如对方的兴趣、爱好、长处、弱点、情绪、思想观念等，这些都是需要注意的内容，但身份与性格无论如何是很重要的"情况"，不得不优先注意。比如，知识渊博的人，对知识有极大的兴趣，不屑听肤浅、通俗的话，与之对话，应充分显示你的博学多才，多做抽象推理，致力于对各种问题之间内在联系的探讨。

从语言了解对方，从对方言谈的微妙之处观察其性格特征和内心活动。在谈吐中常说出"果然"的人，自以为是、强调个人主张；经常使用"其实"的人，希望别人注意自己，他们任性、倔强、自负；经常使用"最后怎么怎么"一类词汇的人，大多是其潜在的欲求未能得到满足。

说话前还要揣摩对方的心理。通过对手无意中显露出来的态度及姿态，了解他的心理，有时能捕捉到比语言表露更真实、更微妙的思想。例如，对方抱着胳膊，表示在思考问题；抱着头，表明一筹莫展；低头走路，步履沉重，说明他心灰气馁；昂首挺胸，高声交谈，是自信的流露；女性一言不发，揉搓手帕，说明她心中有话，却不知从何说起；真正自信而有实力的人，反而会谦虚地听取别人的讲话；抖动双腿常常是内心不安、苦思对策的举动，若是轻微颤动，就可能是心绪悠闲的表现。

对办事对象的了解，不能停留在静观默察上，还应主动侦察，采用一定的侦察对策，去激发对方的情绪，才能够迅速准确地把握对方的思想脉络和动态，从而顺其思路进行引导，这样的会谈易于成功。

3. 不懂礼，何以立

西方人从小就被灌输"感谢"与"爱"的思想。他们长大后，"感谢"与"爱"两个字便不离口。他们在跟你交流时，嘴上一定是这两个词不离口的，很多人因此觉得西方人有点虚伪。

中国古往今来，做生意的人同样也是很讲礼貌、很客气的，他们认为买卖不成仁义在，这次做不了生意，下次说不定还有合作的可能。人们往往会觉得生意人也很虚伪，表面一套背后一套，于是很反感这样的礼貌。

有人认为，中国人现在所讲的"为人之道"，实际上早已变异成一种阿谀奉承、圆滑、伪善的做法，即为了自己的利益，为了获得更多的社交利益，大多数人不得已戴着面具与人交际。在这种竞争激烈的社会中，面具成了人们生活的一种武器。

但撇开内心的真实想法不谈，礼貌、和气是做人最基本的素质，这与虚伪无关。是一种修养、一种风度，是一种可以表达彼此诚意的方式，是一种对人对己的尊重。

假设两个素昧平生的人见面，毫不客气地对坐着，恐怕谈话的气氛也好不到哪里去，但是彼此打打招呼，心理上的防备就能稍微放松，谈话就能进行得轻松一些。其实，在双方并不熟悉的情况下，通过一种双方能够共同理解的方式来表达和平相处、诚心往来的意愿，是非常好的办法。从这点上讲，"礼貌"其实是人与人之间沟通的桥梁，并不是一种无用的摆设。"礼貌"行为所针对的对象是不分等级的，这与势利截然不同；并且真正的礼貌是发自内心的，是自然而然的。

我们都想成为受欢迎的人，都想拥有一种让自己脱颖而出的竞争力，那么，学点"真正的礼仪"，在职场上做一位"知书达礼"的人吧，良好的礼仪修养是你风度和优雅的呈现。

礼仪，是一种行为规范。"礼"，指的是尊重，即在人际交往中既要尊重自己，又要尊重别人。这是待人接物时最基本的要求；"仪"，指的是仪式，即尊重自己、尊重别人的表现形式。两字合为一个词，即以最恰当的方式表达对他人的尊重。更进一步讲，礼仪就是一种人际交往的艺术。它是人在社会交往过程中表现出的沟通技巧、展现出的自我修养，在现代的社会生活、工作交往中起着越来越重要的作用。因此，无论何时何地，我们都要以最恰当的方式待人接物。

礼仪的内涵十分丰富，包括礼貌、礼节、仪容等几个部分，如仪表整洁大方、待人有礼貌、谈吐文雅、举止端庄、服饰得体、尊重他人等。总之，只有自己的仪表举止合乎文明礼仪，别人才乐于与你交往，人与人之间的关系才会趋于融洽。任何一种人际关系得以维系，都是因为双方在心理上能够得到满足。对方感到被尊重，获得了一种心理愉悦，自然愿意跟你保持良好的关系。

在公司附近的一条街上，有很多家饭店，但是阿紫和小铃铛总是光顾一家小快餐店。同事们不明白为什么她们两个人会经常光顾那家快餐店，因为那里每天都是那十道菜，同事们早吃腻了，难道就是因为快餐店老板是个23岁的酷似林依轮的帅气小伙吗？最终，阿紫对同事们说："这个店老板每次都双手递给我们他要找的零钱，还双手递给我们餐巾纸。小铃铛打个喷嚏，他就会马上递纸巾。他任何时候都是微笑的，语气轻柔，让人感觉很舒服，我们很享受被尊重的感觉。"

是啊，这个年轻的店老板就是注重礼仪的典范，他年纪轻轻就深谙礼仪之道，深得顾客的欢心。

礼仪就像一座桥梁或一条纽带，可以使彼此间的陌生感和距离感瞬间消失。礼仪的不同形式就是各种"沟通语言"，它比一般的沟通语言更高雅、含蓄，更容易让人接受。

侯佩岑拥有"台湾第一美女主播"的称号，她不仅美丽、优秀，还是个有教养、有内涵、深谙礼仪之道的女人。在一次访谈节目中，她身着白色吊带及膝裙、脚穿银色高跟鞋坐在嘉宾位置，姿态端正，笑着面向本地数家电视台架起的摄像机。主持人每抛来一个问题，她都对答如流。虽然是标准的港台腔，但那柔柔的语调却不会让人产生生分的感觉，反而觉得她很亲切。对于现场热心观众送来的饰物、鸭脖子、自制相框等礼物，她都一一鞠躬答谢，还热情地拥抱上来的观众。对娱记抛出的"私人话题"，她没有显露尴尬之态，也没有说国际通用的"无可奉告"，而是用简单的话语非常诚恳地有问必答。她时时刻刻保持风度，一举一动都充分彰显着个人魅力，直到节目结束，她脸上都一直挂着明亮的笑容。无怪乎她有这么好的人缘和成千上万的支持者。

侯佩岑对礼仪的充分领悟令她看上去优雅动人并富有亲和力；她的礼貌、她的大度、她的智慧给人留下了深刻的印象。

作为一个有抱负、不甘平庸的人，要想魅力四射，就要熟知各种礼仪，如社交中的风度与仪态，包括坐、站、行、穿衣、吃饭、谈话等社交礼仪。让自己彬彬有礼，就能为今后的成功打下良好的基础。所以，学好交际礼仪和职场礼仪，就能增强你的竞争力，使你的事业得到长足的发展，也使你的魅力无限。

4. 善于倾听才能赢得好人缘

生活压力越来越大，有很多人需要找人倾诉，就像电影《2046》中的"树洞"，人们有什么烦心的事情或者个人的小秘密，就对"树洞"说。你如果是一个善于倾听的人，就能拥有丰富的人脉资源。让别人需要自己，比自己依赖别人更安全、更富有。

人的本性就是喜欢说些与自己相关的事情，感兴趣的、喜欢的、讨厌的，总之，只要是自己的事情，人们都会以极大的热情进行自我展现，一旦有忠实的听众，就更感觉自己受到了尊重，有种深深地被认同的感觉。这时，即便听众一句话都不说，说话人也会对听众表示好感。如果听众时不时地回应几句，提几个高质量的问题，给一番切中要害的建议，那么说话的人往往就会感激涕零，把对方引为知己。反之，如果对方心不在焉，或者忙自己的事情不予理睬，那么说话的人就有种被忽视、被敷衍的感觉，以后肯定不会再找这样的人谈心，就连谈事情恐怕也不想了。所以，刚进入社会的人，如果你知道了这其中的奥妙，就请磨炼自己的耐心，做好别人的热心听众吧，这是初入社会需要培养的最基本的素质。

唐腾与心一是大学校友，两人关系不算多好，但是毕业后两人都在深圳打工，所以就时常联系。心一经常向唐腾抱怨老板的苛刻、公司的黑幕，以及同事间的明争暗斗，并询问自己是否该从公司辞职。之前唐腾对心一并没有多少了解，对他的公司更是不了解，所以不敢妄下结论，害怕给他提出错误的建议。因此，心一每次向他抱怨时，他总会反问一句："你看该怎么办？"然后心一就会认真地考虑一番，并说出自己的想法。

不久，唐腾就收到了心一的感谢电话，说他当时情绪太激动了，不能客观地分析公司的情况，他觉得唐腾的倾听帮他厘清了思绪，让他没有贸然做出决定。一年后，唐腾又收到了心一的电话，而这次心一是在另一个城市，心一说："谢谢你一年来一直听我一肚子的抱怨，并给予我为人处世方面的指点，现在我已经坐上部门主管的位子了，等我回深圳，一定请你吃大餐。"其实，唐腾并没有说什么，大部分时间都是心一在唠叨和发泄，唐腾只是在关键处引导他说下去。但他真诚地为心一着想的态度和耐心感染了心一，让他浮躁的心慢慢冷静下来并重新整理凌乱的思绪，从而找到了解决问题的方法。

可以想象，如果唐腾不善于倾听，而是凭主观臆断劝心一离职，心一的大好前程可能会就此毁灭。由此可见，倾听在交流中的重要性是不可替代的。

能说会道的人，往往因为说话锋芒毕露而得罪人，而且容易给人夸夸其谈的印象，况且言多必失，惹人生厌。倾听则可以让你了解问题的所在，察觉自己的失误，从而调整自己的语言，这样就能兼顾他人的感受，减少沟通中的误解。

你或许会说，谁都有耳朵，谁都会"听"。但是倾听需要耐心，不是一味地为"听"而"听"。在倾听的同时可以时不时地点点头，再适时地露出表示理解的微笑，或者报之以同情关爱的眼神。不仅要知道对方的症结所在，还要细心地揣摩对方的言外之意，然后给予有效的反馈，这样才能达到交流的效果。只要你肯付出真诚，你的真诚必将打动对方，而对方也将视你为难得的知己。

倾听别人说话时，要注意适当地看对方的眼睛，不要东张西望、晃来晃去、做小动作，这样只会引起对方的误会，以为你不尊重人、高傲自大，继而不愿意与你交往。

心莲在大学时代是"大众情人"，不管男生还是女生都喜欢与她在一起。原因很简单，她是一个善于倾听的女孩，且从不泄露别人的私事。她也因此拥有许多好朋友。这些朋友毕业很多年了一直与她保持联系，还和大学时候一样，有什么心里话都会对她倾诉。

一天，一位朋友来到她家，没说几句，就嘤嘤哭泣起来。心莲默默递上了纸巾和一杯热茶，拉着朋友的手，等待她心情平复下来……

原来这位朋友在单位被人暗算，工作上出了很大的纰漏，差点儿被老板开除；雪上加霜的是，她的男友在这时提出分手。她因此觉得生活毫无希望，失去了活下去的勇气。

朋友一边流泪，一边断断续续地倾诉着。心莲只是静静地听着，时而愤怒，时而同情，时而用关爱的眼神望着朋友，渐渐地，朋友痛苦的表情消失了，眼泪也消失了。心莲轻轻地拍拍她的肩，说道："觉得好点了吧？"朋友擦擦眼泪，回以微笑："是啊。很奇怪，我在来你家的路上觉得天都要塌了，没想到跟你一倾诉，我现在觉得好多了，也没什么大不了的。"

心莲再次握住她的手，温和地说："不管发生什么，你还有我这个朋友。"

然后，她们一起分析了工作中的失误，找到了补救的方法，并准备向老板说明一切，让那些小人得到应有的惩罚。至于感情的事，她们一致认为应顺其自然，如果无法挽回，就让它平静地结束……

许多年后，心莲的朋友已经有了一个幸福美满的家庭，在事业上也有了一番作为，但她永远不会忘记那段令她痛不欲生的日子，还有心莲的倾听和理解。

应该说是心莲的理解与同情，让她的朋友重新拾起了生活的勇气和信心。可见，倾听是心与心的交流，是情感与情感的互动，是一种尊重、一份理解、一些同情。

如今，很多人都是独生子女，习惯以自我为中心，说话往往占尽风头，不给别人机会说话，忽视了别人的感受。这样的人因为心理太幼稚和狭隘，是不会有好人缘的。

所以，当你忍不住要滔滔不绝地说话时，请多想想别人的感受吧。话多了，不仅会"祸从口出"，还会带来不必要的误解；而善于倾听则能让你拥有丰富的人脉资源。

5. 把赞美给渴望被赞美的人

学会说话，学会把赞美给渴望被赞美的人，就像施舍美食给饥饿的人那样。用心地赞美温暖了别人，那其实也温暖了自己。

每个人都喜欢听好听、顺耳的话，女性如此，男性也不例外。文学天才马克·吐温说过："只要一句赞美的话，我就可以充实地活上两个月。"可见喜欢听好话、喜欢被赞美是人的天性。

每个人都会为来自社会或他人的恰当的赞美而感到满足。当我们听到别人对自己的赞美、欣赏，并感到愉悦和备受鼓舞时，不免会对说话者产生亲近感，从而使彼此之间的心理距离缩短。刚走上社会的年轻人要学会用甜言蜜语"哄"别人，用甜言蜜语打动别人，从而赢得别人的喜爱。

1960年，法国前总统戴高乐访问美国，尼克松为他举行宴会。这下可把尼克松夫人忙坏了。她绞尽脑汁想给戴高乐留下一个好印象，费了很多周折终于布置了一个美观的鲜花展台：在一张马蹄形的桌子中央，鲜艳夺目的热带鲜花衬托着一个精致的喷泉。精明心细的戴高乐总统一眼就看出这是女主人为了欢迎他而精心设计制作的，不禁脱口称赞道："夫人布置的喷泉真漂亮，让夫人费心了。"尼克松夫人听了十分高兴。事后，她说："大多数来访的大人物要么没有注意这些，要么不屑为此向女主人道谢，而他总是乐于表达自己的谢意和赞美。"在以后的政治岁月中，不论美法两国之间发生什么事，尼克松夫人始终对戴高乐总统保持着非常好的印象。

可见，一句简单的、得体的赞美他人的话，会带来多么大的反响。

在美国商界，年薪最早超过100万美元的管理者叫查尔斯·斯科尔特。他38岁时被安德鲁·卡内基选拔为新组建的美国钢铁公司的第一任总裁。他说："在如何制造钢铁方面，我手下的许多人都比我懂得多。但是，我有自己独特的能力，即我有那些能够鼓舞员工的能力，这是我拥有的最大资产，能够让一个人发挥出最大能力的方法就是鼓励和赞美。"

记住：只要是人，无不希望得到别人的赞美与重视，没有哪个人喜欢受指责和批评。赞美是一种美德，就像微笑一样简单，不需要付出很大的代价和力气，就能让人感到舒服和享受，给人一种精神上的支持和力量，让绝望失意的人重新鼓起勇气，树立信心。一句赞美的话胜过一剂良药，不仅能给对方带来好运，还可以使自己心情舒畅。

人世间最需要的是赞美，但人世间最缺乏的恰恰也是赞美。

赞美是只消动动嘴巴的人情投资，它"投入少、回报大"，是一种非常符合经济原则的行为方式。任何人身上都可能拥有值得你欣赏的人格特质，玛格丽特·亨格佛曾经说过："美存在于观看者的眼中。"

对领导赞美，领导会更加赏识和重用你；对同事赞美，能够联络感情，使彼此可以更愉快地合作；对下属赞美，能赢得下属的忠诚，激发他们的工作积极性和创新精神；对商业伙伴赞美，能赢得更多的合作机会；对心上人赞美，能使两人更加甜蜜；对朋友赞美，能赢得崇高的友谊。

赞美别人不是随意夸奖，而是需要技巧，要适时地进行赞美。只有这样，你的赞美才既得体、恰当，又能让人信服。比如，你赞美一个英语过八级的人："你的英语水平太高了，比我刚上高中的弟弟强多了，他到现在发音还不准呢。"这无疑会让对方哭笑不得。如果对方的新衣服已经穿了两周了，你再夸奖，会让对方感到你赞美得很做作，还会有种被你忽视的感觉。另外，背后赞美别人比当面赞美别人更能收到奇妙的效果。因为好话会借着风，一路传到当事人的耳朵里，当事人会觉得你是真心诚意赞美他的。这样你既博得了他的好感，也赢得了大家的信赖。

一次，贾宝玉与史湘云生气。原因是史湘云像薛宝钗一样劝贾宝玉做官，贾宝玉听到这话就头疼，大为反感，就冲史湘云嚷嚷："如果林妹妹也像你们说这些混账话，我早就和她生分了。林妹妹在我面前从来没有说过这话。"

这时，黛玉凑巧来到窗外，无意中听见贾宝玉说了自己的好话，不觉又惊又喜，又悲又叹，原来宝玉一直引自己为知己。从此后，两人感情大增。

如果宝玉当着黛玉的面这么说，小性子、爱猜疑的黛玉可能就认为宝玉是在打趣她或想讨好她。可见，背后多说人好话，是与那个人建立融洽关系的最有效的方法。如果有人在背后说你是人才，是位很热心的人，相信你也会很感动的。

赞美是一种气度、一种胸怀、一份理解、一份关怀，更是一种智慧和境界。赞美会让我们平凡的生活变得更有滋味。所以，从狭小的个人世界中走出来吧，学会发现别人的优点和一些微进步，并试着赞美别人，你就能赢得人心，自己的世界也会变得精彩幸福。

6. 尽可能帮他人走出尴尬的境地

当对方发生一些让他下不了台的事，就需要你主动留给对方一个台阶，让他顺势走下来。也就是维护对方面子的意思，他们对你的这一举动会心存感激。

一天，某学校来了一位年轻的实习教师临时代课。由于他是新手，学生自然不会安分守己，课堂纪律十分糟糕。课讲到一半时，老师讲得兴起，却不料被讲台绊了一下险些摔倒，引起全班哄堂大笑。孰料他只是笑着摇摇头，自嘲了一句"连这讲台也欺生"，这令笑声戛然而止。这是聪明的老师在给自己台阶下。

我们都看重自己的面子，面子就等于尊严、形象，这也许是人们与生俱来的一种自尊心和虚荣心所致吧，所以每个人在众人面前都格外注意自己的形象，让自己有"面子"。然而，生活中往往有一些让我们丢面子的事情，比如在公共场所，不小心打了个嗝；唱歌的时候本想表现自己，高音却死活唱不上去；不想示人的糗事，被别人发现了，等等。这个时候我们会变得异常尴尬，恨不得找个地洞钻进去。如果此时遭到对方的嘲笑，你必定对他恨之入骨，觉得对方是落井下石之人；相反，如果这个时候对方装傻，表示什么也没看见，或是对此一笑了之，你就会顺势下台阶，保住面子，维护了自尊心，因而就会感激对方。

所以，当对方发生一些让他下不了台的事，就需要你主动留给对方一个台阶，让他顺势走下来。这也就是维护对方面子的意思，他们对你的这一举动会心存感激。

比如，我们经常会看到一些不该看到的事情，听到一些不该听到的事情，导致自己和他人的尴尬。这种情况你会怎么处理呢？

唐雅在南方一所著名大学的中文系读书，授课的老师中有一位50岁出头的风度翩翩的男教授。教授不仅学识渊博，而且谈吐幽默风趣，经常和学生们谈古论今，是班里女学生们心中的偶像。许多女生主动接近他，希望得到他的提携和指点。唐雅也是其中一个。

一天，她约了两位要好的女同学一块儿去教授家请教问题。到了教授家门口，唐雅伸出手来正欲敲门却发现门是虚掩着的，于是她轻轻地推开，结果看到了令她目瞪口呆的一幕：教授正在屋内，拥吻着一个女孩子。而那个女孩子是他的学生。看到她们的意外出现，教授的手像触电一样一下子松开、垂落，脸色霎时变得惨白。

双方就这么站着，也许只有仅仅几秒钟的时间，却漫长得像一个世纪，空气让人窒息般沉寂。

"我该怎么办？"唐雅内心进行着激烈的思想斗争。装作没看见迅速走掉，还是走上前去委婉地劝说？报告校领导或张扬出去，让他受到惩罚甚至身败名裂？这些念头在她脑海中一闪而过。教授不是这种人，他也许只是一时糊涂。唐雅知道，教授有一个他所深爱也深爱着他的妻子，他的妻子在同城的另一所高校任教，他们有一个活泼可爱的即将大学毕业的女儿，这是一个幸福而完美的家庭，他们的家庭和教授本人的人品在校内一直有着良好的口碑……

仅仅是几秒钟的犹豫和停顿后，唐雅坦然地走了进去，站在教授面前，一脸笑容地说道："教授，我们都是您的学生，您可不能偏心哟，您也吻我一下好吗？"

教授马上清醒过来。他轻轻地拥抱唐雅并吻了一下她的额头，那一刻，她看见教授眼里有湿润的东西在闪亮。

很多年过去了，教授依然拥有美好的家庭和良好的口碑，他更加勤奋地研究和著述，并取得了极为丰硕的成果。唐雅毕业那年，教授寄给她一张贺卡，上面只有一句话："我永远感激你的善良和智慧，是你拯救了我。"

唐雅看到了不该看到的一幕，一般这种情况下，我们都不知道怎么处理，因为这种关系十分的微妙。但唐雅的聪明之处在于通过自己的行为，把教授本来不合理的举动变得合理起来，给了教授一个台阶，原本紧张的气氛变得轻松了。

人都是要面子的。你维护了他人的面子，就等于给了他人最好的礼物，他人一定会对你产生好感，对你充满感激。如果有必要，你应该尽可能地帮助别人走出尴尬的境地。

韩信平定了齐国，他向汉王刘邦上书："我愿暂做代理齐王。"刘邦大怒，转念一想，他现在身处困境，需要韩信，就答应了。韩信力量更加壮大，齐国人蒯通知道天下的胜负取决于韩信，就对他说："相你的'面'，不过是个诸侯，相你的'背'，却是个大福大贵之人。当时，刘、项二王的命运都悬在你手上，你不如两方都不帮，与他们三分天下，以你的贤才，加上众多的兵力，还有强大的齐国，将来天下必定是你的。"

韩信说："汉王待我恩泽深厚，他的车让我坐，他的衣服让我穿，他的饭给我吃。我听说，坐人家的车要分担人家的灾难，穿人家的衣服要思虑人家的忧患，吃人家的饭要誓死为人家效力，我与汉王感情深厚，怎能为个人利益而背信弃义。"

过了些天，蒯通又去见韩信，而且他还告诉韩信时机失去了便不再来，韩信有点儿犹豫，只是因汉王对他情深意重。

我们姑且不论刘邦以后如何处死了韩信，但就人情世故而言，刘邦很成功，他能令韩信在想要背叛时心中产生愧疚，不忍去做。

通晓人情从反面讲，就是要"己所不欲，勿施于人"。如果你爱面子，那你就不要伤别人的面子；你要尊重，就不能不尊重别人。生活中也许没有很大的"人情"，但是也别小看这些积少成多的"面子"。

某个乡镇企业家，因与地方上的一位知名作家结怨而心烦，多次央求地方上的有名望的人士出来调解，对方有点文人脾气，软硬不吃，就是不给面子。

后来企业家的表弟来探亲，主动提出化解这段恩怨。亲自上门拜访作家，做了大量的说服工作，好不容易使作家同意和解。按常理，表弟此时不负人托，完成这一化解恩怨的任务，可以走人了。可他还有高人一步的棋，有更巧妙的处理方法。他对那位作家说："这个事，听说过去有许多当地有名望的人调解过，但因不能得到双方的共同认可而没能使你们化干戈为玉帛。这次我很幸运，你也很给我面子，让我了结这件事。我在感谢你的同时，也为自己担心。我毕竟只是外乡人，在本地人出面不能解决这个问题的情况下，由我这个外地人来完成和解，未免使本地那些有名望的人感到丢面子。"接着他进一步说，"这件事这么办，请你再帮我一次，从表面上要做到让人以为我出面解决不了问题。等明天我离开此地，本地的一些名人还会上门，请你把面子给他们，算作是他们完成了此美举吧，拜托了。"这位作家非但没有生气，反倒觉得这人真的是一个很替别人着想的人，本来对和解还有几分勉强，这么一来便心甘情愿了。后来还把这事情写成文章发表在杂志上，这事情很快传开了，那位表弟因此获得了单位领导的器重。

由此可见，给人留足面子，也就是为自己铺路。

即便你对朋友的所作所为有意见，劝诫的时候也要给朋友面子。你总得先说"你的某某事做得挺棒，效果、反应都不错"，然后，你再用"就是""但是""不过"等来做文章。

每个人都明白，这些词语后面的才是真正要说的话，但前面的话一定要说，因为它不是假话，也不是废话，而是为营造一种和谐气氛的客气话。直来直去的语言会扫了对方的面子，让对方心中对你产生反感。所以，委婉的话少不了。如果你不能用心良苦，为朋友着想，保全朋友的面子，那么朋友脸上挂不住，自己也会弄得不好意思。

当然，给别人面子要给得恰当，如果被请之人面子很大，而你又没有给他应有的待遇，则会弄巧成拙，把给面子的事情弄成了极伤面子的事情。如果伤了人家的面子，那么，你要懂得及时补偿。

第十章

天无绝人之路，有时吃亏也是福

并非所有的便宜都值得庆幸，很多便宜的背后隐藏着阴谋；相反，能吃亏的人，则可以躲避祸灾，在宽容大度里，守护幸福的心境。

上天是公平的，当你在这里损失，必然会从那里得到。因此，有时吃亏是福。事事斤斤计较，只会徒然给自己增加痛苦。不如看淡得失，放下名利，享受生活的快乐。

1. 祸兮福所倚，福兮祸所伏

"难得糊涂"与"吃亏是福"是郑板桥曾经书写过的两幅志趣相同的条幅。前者广为流传，家喻户晓，被世人奉为处世哲学。相比之下，认可"吃亏是福"的人却少得多。

其实，天上的月亮不可能永远盈满，也不可能永远亏损，天道尚如此，人间更难离这个规律。所以人们对盈亏，不要过于计较，因为很多时候看似吃亏，实际上是一个得到补偿的过程。

佛罗里达州有一位农夫，买到了一块非常差的土地，那片地差得使他既不能种水果，也不能养猪，只能生长的只有白杨树及响尾蛇。但是他没有因此而沮丧，而是苦思冥想以图改变目前的这种状态，他要把那片地上所有的东西变作一种资产。

很快，他想到了一个好主意，他要利用那些响尾蛇，他的做法使每一个人都很吃惊，因为他要做响尾蛇肉罐头。他的生意做得非常大。他养的响尾蛇体内所取出来的毒液，被运送到各大药厂去做治蛇毒的血清；响尾蛇皮以很高的价钱卖了出去，加工成女人的鞋子和皮包。

装着响尾蛇肉的罐头送到了全世界各地的顾客手里。每年来参观他的响尾蛇农场的游客差不多有两万人。为了纪念这位先生，这个村子现在已改名为佛州响尾蛇村。

看了这则故事，谁能说这个农民是吃亏了呢？祸兮福所倚，福兮祸所伏。正是因为有了前面的痛苦的"吃亏"，才有了后面的受益。能吃亏的人不会用种种负面的假设去证明自己的正确。"社会太不公正""我总是吃亏""我处处不如意"，他们很乐意承认自己的亏损，同时想办法改变这一亏损。吃亏不是一种消极、颓废，不是悲观、懦弱，相反，它是一种执着追求的精神，一种为人处世的风格，更是一个人安身立命的永久鞭策。这样的吃亏就是福。

"满者损之机，亏者盈之渐。损于己则益于彼，外得人情之平，内得我心之安。既平且安，福即在是矣。"这是郑板桥写给一个叫郑煊的远亲的勉词。

有一次郑煊做木材生意，货运到外地，货价狂跌，眼看就血本无归。这时，郑板桥便送给郑煊这幅勉词。果然应了郑板桥的话，没过几天，木材的价格突然涨起，郑煊意外地发了财。他认真思考着郑板桥的话，从中体会出了人生哲理，并将此作为家训，刻在墙壁上以示后人。

也许你认为"吃亏是福"是一种"傻瓜"行为，只有精神不正常的人或者傻到极点的人才会认为"吃亏是福"。把"吃亏"当成"福"气对待，那么首先就要"损于己"，方能"益于彼"，然后"外得人情之平"。吃亏意味着舍弃与牺牲，一个不懂得忍让、咄咄逼人的人，时间长了，只会让人觉得了无情趣。永远不想吃亏的斤斤计较的人总是在恐惧中面临下一次的吃亏。过于计较，得失心太重，反而会舍本逐末。当失误摆在面前，而且很快找到教训后，就应该迅速将这件事沉淀下来，找到下一个出口。过多的计较会使自己陷入过往的沮丧情绪里，这种情绪会抑制我们的自信，甚至影响判断，正应了那句话，"在你错过太阳时，你选择沮丧，那么你又要错过群星了"。因此，承受吃亏也是一种自信的表现。这种做法需要一种勇气，也需要一种超脱，更是一种智慧。

有时，退一步，让自己在海阔天空中放松，无论是心情还是人情，在看似吃亏的过程中，已经得到了补偿。你想得到的东西没有得到，你认为自己是"吃亏"。其实未必得到就是"福"，有时失去也是一种"福"。

"损于己则益于彼"，这是一个良性循环，经过一道反射后，则又回到"益于己"上面来了。比如说有一条凹凸不平的路，路上还有积水，而你穿了双新鞋子走在路上，当然要找干净的路面走，躲开那些水洼。这时候，身后开过来一辆汽车！如果你采取"损于己则益于彼"的做法，就会立刻跳进水洼里，把干净的路面让给那辆车过。跳到水洼里，看似吃了亏，可是如果让车从水洼里开过，那岂不是更糟糕？可能弄脏的就不仅仅是你的一双鞋子了。

于是有人会问："可是如果身边有人总打着小算盘算计我，我知道但不愿伤害这个人，那怎么办？"我可以告诉你，那你就帮他把算盘打打清楚，看看怎么成全他。天下本无事，庸人自扰之。为人处世要潇洒豁达，拿得起放得下，坦然面对眼前的一切境遇，不要以为吃亏而怨天尤人，这样，你自然心境开朗。

真聪明者愿意吃亏，因为吃亏虽然有暂时的舍弃与牺牲，但却会有长久的收益，因此，他们根本不会把时间浪费在眼前的方寸之间，而是高瞻远瞩，做一个长远的计划。

2. 不怕吃亏，必少是非

吃亏其实也包含了豁达和宽容，而且还要加上理智和自我克制。面对吃亏的豁达，是一种以个人能力为基础的自信，但这种自信并非人人都有。佛经云："心包太虚，量周沙界。"你能把浩渺宇宙都包容在心中，那么你的心量自然就能如同虚空一样的广大。另有一首打油诗说："占便宜处失便宜，吃得亏时天自知；但把此心存正直，不愁一世被人欺。"

凡是宽容之人，都不怕吃亏，不会斤斤计较于一些无足轻重的小事。吃亏是福道出的是一种豁达洒脱的处世态度，敢于吃亏也是一种做人的方法，是宽容性格的一种体现。做人的可贵之处是乐于退让，自己主动吃点亏，往往能把棘手的事情做好，能把很难处理的问题顺利解决。

能吃亏的人必然有一种博大而深邃的胸怀，这是获得别人尊重的标准之一。历史上，有很多不怕吃亏的人因为气量宽宏而流芳后世。

寇准和王旦两个人同朝为臣，两人性格迥异，一个刚直不阿，一个虚怀若谷。

他俩几乎是同时期被选拔上来的。寇准的地位原在王旦之上，宋太宗晚年即被任命为参知政事（副宰相），只因寇准经常犯颜直谏，同僚之间他也是直言不讳，所以得罪了很多人，用现在的话说就是：寇准的人脉网几乎是一团乱麻。人事关系不太好，自然屡被贬斥，几上几下。

真宗赵恒即位后，毕士安为相，赵恒问毕士安："谁可与你同时入相？"毕士安推荐寇准，说寇准"兼资忠义，能断大事，臣所不如"。开始赵恒不太同意，说："闻准好刚使气奈何？"毕士安说："准忘身殉国，秉道疾邪，故不为流俗所喜，今北方未服，若准者，正宜用也。"为了考察寇准，赵恒先委任寇准为三司使，是个管财经的职务，赵恒的目的在于"先置宿德以镇之"。继而委以中枢大任，掌管军事。后来契丹大举南犯，寇准力主赵恒亲征，以鼓舞士气，结果打了胜仗，并在他的努力下，与契丹作"澶渊之盟"，两国讲和，保证了北部边界约100年的和平生活，这对中国北方发展经济是有利的。但朝中佞臣如王钦若等，却常说寇准的坏话，说"澶渊之盟"是"城下之盟"，诬寇准要皇帝亲征，是"孤注一掷"，赵恒本来想重用寇准，听了王钦若等人的挑拨，改派寇准领兵北方，出镇天雄军，时称准为"北门锁钥"。就是在这个背景下，王旦认识了寇准。

王旦用人的标准，不是"唯才是举"，而是"才德兼备"；不是以个人恩怨为标准，而是以能否胜任为标准。包括反对过他的人，他也不计前嫌。而其中最典型的，恰恰是对寇准的任用。

寇准调到中央枢密院任职，王旦则升任"工部尚书，同平章事"，主持中书省，分管政务，二人实为同僚。寇准"数短旦"，而王旦却"专称准"。赵恒觉得奇怪，问王旦："你虽然经常表彰寇准，而寇准却多次讲你的坏话，是怎么回事？"王旦对此毫不在意，反而说："这是情理中的事情，我当宰相时间很长了，工作中失误一定很多，寇准对陛下如实反映意见，更可体现他的忠直，所以我更加敬重他。"从此赵恒稍稍改变了对寇准的看法，也更加尊重王旦。

王旦做人非常大度，中书省（王旦主持）送交枢密院（寇准主持）的文件违反了规格，寇准马上将此事向赵恒汇报，王旦因此受到责备，具体承办这项工作的人则受了处分。事隔不到一个月，枢密院有文件送中书省，也违反了规格。办事人员很高兴地把这份文件呈送王旦，王旦却不去告发寇准，而是将文件退还给枢密院，请他们自行改正。对这件事，寇准十分惭愧，再次见到王旦后，就恭维王旦度量大，王旦只是默然不语。后来，寇准升任武胜军节度使同中书门下平章事，寇准感谢皇帝道，"不是陛下了解我，如何能得到如此重用"。皇帝对他说："这是王旦推荐你的啊！"寇准更加愧叹、敬服王旦。

寇准的性格直率，对他看不惯的人决不姑息，因此经常和三司使林特争辩。林特为人奸险，善于迎合，正受到赵恒恩宠，所以又引起赵恒对寇准的不满。于是，赵恒对王旦说："寇准不断和我闹别扭，原以为他随着年事的增长会有所收敛，现在反较先前变本加厉。"王旦为寇准解释，说："寇准总想要人尊重他、怕他，这些作为大臣都是应当避免的，这是他的短处，不是陛下宽大仁厚，他岂能得到保全呢？"这话使赵恒的气消了不少。寇准也因此没有受到处罚。

王旦经常生病，一次，病情十分危急，赵恒于是问谁可代替他的职务。王旦请皇上选择，赵恒先提名张咏，王旦不点头，又提名马亮，王旦也不点头。皇上说："那么，你看哪一个可以？"王旦勉强地站起来手捧笏板慎重地说："以臣之愚，莫如寇准。"皇帝不高兴，停了一会儿，说道："准性刚褊，愿思其次。"王旦说："其他的人我就不知道了。"

这就是王旦，一个不会计较、甘愿吃亏的人。他的这种吃亏绝不是一种唯唯诺诺、低声下气的软弱和怯懦，而是一种胸怀、一种品质、一种风度。正因为他的乐于吃亏，他获得了寇准的钦敬，获得了赵恒的尊重。

寇准性格正直，但是过于霸气，与人交往自然以自己的心愿为准，经常受人指摘也就在所难免。而王旦恰恰成了他的反面教材，他隐忍、大度，不在乎吃亏，他在当时的朝中以及后世更受到人们的推崇。做人不怕吃亏，凡事不斤斤计较，可以荡涤我们的名利思想，对于平和浮躁心态大有裨益，从而使我们更易于取得成功。

老子说："天长地久。天地所以能长且久者，以其不自生也，故能长生。是以圣人后其身而身先，外其身而身存。非以其无私邪？故能成其私。"天地之所以能够长久，就是因为天地不为自己而活着，也正是因为不为自己生存它反而能得以长生。假如人能像天地那样不把自己的利益放在前头，就会赢得大家的尊敬和信任；要是总把别人的冷暖放在心头，就会被大家拥戴；要是从来不打自己的小算盘，也许更易于成就一番自己的大事业。

吃亏并非收获的都是损失，更多是体现了一种成全他人的品德，而且从中会得到长远的回报。"吃亏是福"也不是简单的阿Q精神，而是福祸相依的生活辩证法，是一种深刻的人生哲学。相信"吃亏是福"，可以使人的心胸变得宽阔，心态更加乐观、积极，而且当自己遇到困难时，也能得到更多人的真心帮助。

要想让自己成为一个具有"不怕吃亏，凡事不斤斤计较"的人，就要做到平时不要太过和人计较，要经常原谅别人的过失。但是大事也不要糊涂，要有是非观念；不为不如意事所累，不如意事来临时，能泰然处之，气量自可宽宏；受人讥讽恶骂，要自我检讨，不要反击对方，气量自然增长。

3. 能吃亏是隐忍，会吃亏则是睿智

在商业竞争中，谁都怕吃亏，在人才济济的市场中，谁都有可能被别人排挤、迫害。这时候光能吃亏已经解决不了问题，因为任何公司都不可能是慈善机构，盈利才是最终的目的，惟一的解决办法就是会吃亏。

会吃亏，就是表面上吃亏，实际上赚便宜，这就需要你比对手看得更远一些。

如果有人总是说你的坏话，那么你还会愿意帮助他吗？大多数人都会回答：不会。的确，谁愿意帮助一个总是诋毁自己的人呢？但是有人却愿意，他不是神经病，也不是傻子，而是一个比精明人还要精明的生意人。

这个人在创业起步初上轨道的时候，一个几十年的老朋友来投靠他。这位生意人很愿意为自己的老朋友分一杯羹，无奈这个朋友为人和能力都难以适应他的公司，他不得不委婉的批评他这位朋友。

于是，矛盾产生了，这个朋友到处说他的不是。这位生意人知道后，不但没有生气，反而做了一件旁人当时难以理解的事情。他从自己80万的资产中拿出50万给这位朋友，并且认真地帮他选了一个项目，成立了一家公司，让他的朋友自己去运作。很多人都说这生意人大概有点儿不正常了。

他的朋友大概也是如此想的，朋友得了便宜后反倒更张扬了，更是逢人便说他的坏话，一点儿感激的话也不说。这位生意人当然也听到了他的讽刺之言，但他一点儿也不恼，而是会心地笑了。他说了一句让人费解的话，他说："我知道他的个性是一定会这样做的，我就是要他这样做。"

虽然那位朋友一再诋毁这个生意人，但是人都不傻，时间长了，都了解了那个人的个性，自然会从另外一个侧面来看待这件事情。果然，几个月，这位生意人的义名便在本地传开了。于是合作者越来越多，政府也在不断扶持，高级人才加盟的也不少，当年他的资产就扩大了好几倍。

这位生意人的算盘打得很精，留30万是因为他很清楚这些钱够他把产品从研发到市场化用了。而给对方50万也是测算好了的，少了还不行，最少要够他坚持两年以上的，要不然别人会说他把好项目留给自己，差的给朋友。最终，这位生意人良好的信誉和外部环境对他的认可，使得他的企业迅速地壮大起来，当然，这些显著的成绩是他扎扎实实做出来的，并没有多少虚的成分。

也许你会说这些生意人过于狡诈，但仔细看一下就会明白，这是在以退为进，如果对手胸怀坦荡、心地善良，那么故事就得改写。正是因为对方的贪婪、自私、品质恶劣，才给了上面那个生意人成功的机会。错在谁呢？就是人性的弱点。

纵观历史，多少人是运用"让别人占便宜"这一招儿来腐蚀对手，使对手成为自己的手下败将啊。由此可见，吃亏是福决不是一句空谈，一个能吃亏的人必然不会利欲熏心，自然不会落入类似的圈套。

能吃亏的人比较隐忍，会吃亏的人则是睿智，一般会吃亏的人都对人性的弱点了如指掌，他们顺势而为，利用对方的贪欲，成就自己的事业。因此，如果你不想被人利用，就选择"无欲则刚"吧。

便宜不能轻占，很多人都是利用便宜来诱使人上当的。

4. 前事不忘，后事之师

每个人一生中都难免要遇到"吃亏"的事情，今天上当受骗，明天遭人愚弄，但是俗话说"吃一堑，长一智"，吃过亏的人一般都能够变得越来越精明，这是"吃亏是福"的另一种很好的解释。

风雨后见彩虹，我们每个人都要感谢那些让我们吃亏的事件、给我们亏吃的人，是他们让我们不断地成长、成熟。关键的是要把所吃的亏转化为成功的动力。一位优秀的播音员突然被老板开除,虽然他据理力争,却没有挽回局面,他无精打采地回到家里。妻子一下子看出了他的沮丧,于是就问怎么了,播音员说明了原委,妻子一听,高兴地说:"亲爱的,你终于有了自立门户的机会。你为什么还不高兴呢?"

"吃一堑,长一智",我们要做的是运用自己吃亏后所明白的道理,在以后的日子里不犯同样的错误。在最短的时间内减少自己的损失,减轻负担,这才是能吃亏又会吃亏的境界。

《战国策》中有这样一个故事:

战国时期,楚国有一个大臣,名叫庄辛。有一天,庄辛对楚襄王说:"你在宫里面的时候,左边是州侯,右边是夏侯;出去的时候,鄢陵君和寿陵君又总是随着你。你和这四个人专门讲究奢侈淫乐,不管国家大事,郢(楚都,在今湖北省江陵县北)一定要危险啦!"襄王听了,很不高兴,生气地骂道:"你老糊涂了吗?故意说这些险恶的话惑乱人心吗?"

庄辛不慌不忙地回答说:"我实在感觉事情一定要到这个地步的,不敢故意说楚国有什么不幸,如果你一直宠信这四个人,楚国一定要灭亡的。你既然不信我的话,请允许我到赵国躲一躲,看事情究竟会怎样。"庄辛到赵国才住了五个月,秦国果然派兵侵楚,襄王被迫流亡到城阳(今河南息县西北)。

此时,襄王才意识到自己的过错,立刻派人率骑士到赵国召请庄辛。庄辛到了城阳以后,楚襄王对他说:"寡人当初不听先生的话,如今事情发展到这地步,对这事可怎么办呢?"

庄辛回答说:"臣知道一句俗语:'见到兔子以后再放出猎犬去追并不算晚,羊丢掉以后再去修补也不算迟。'"庄辛用了一个"亡羊补牢"的故事,告诉楚襄王,其实不怕吃亏,关键是要会吃亏,转化吃亏,才能在以后避免吃亏。

楚襄王听了庄辛这番话之后，封他为阳陵君，不久庄辛帮助襄王收复了淮北的土地。

对于庄辛的劝谏，开始楚襄王根本听不进去，吃了不小的亏，但是襄王比较明智，最终诚心接纳了庄辛的意见。可以说他是一个敢于面对亏势的人，因为挽救得及时，所以避免了更大的祸事。

我们要感谢"吃亏"，因为很多事只有在吃亏以后才能知道怎么做是对的。有时候我们也要感谢伤害，因为如果我们的心受过伤，那它不仅会变得坚强，并且会更加敏感。只有睿智的人，才会勇敢地面对由于自身错误而产生的所有"亏"，承担由此而来的所有的伤害和痛苦，因为任何一个人都不可避免地会犯错误，不可避免地要吃亏。

有一位年轻人，在他28岁那年就获选为银行总裁。一日，他与股东会议主席，也就是前任总裁谈话，他说："如你所指，我才被指定担当总裁职务，这真是一个艰巨的任务。我希望您能根据自己多年的经验给我一些建议。"年长的前任总裁看着坐在自己面前的新总裁，很快以6个字作为回答："做正确的决定。"年轻的总裁期望得到更进一步的回答，他说："您的建议很有帮助，我非常感激。但是您能否说得详细一点儿？我真的很需要您的帮助以做正确的决定。"这个充满智慧的老人回答："经验。"新总裁又问："没错，那正是我今天出现在这里的原因。我不具有我所需要的经验。我该如何获得这些宝贵的经验呢？"老人笑着以简洁的语气说："错误的决定。"

每个人都会犯错误，因此，"会吃亏"在这里比"能吃亏"就更加重要。如果犯下错误不知道改正，这是不能原谅的，有人给"神经病"下的是这样的"定义"：重复同样的事情而想得到更好的结果。这句话虽然极端，但是却经典。

重复同样错误的人必定要吃大亏，他们以一副满不在乎的模样，一副应该这样而无奈的表情，迎接未来的"祸事"，与"神经病"又相差多少呢。

亡羊补牢，犹未为晚。谁都有疏忽大意的时候，谁都有这样那样的缺点和错误，第一次吃亏并不可怕，关键是我们要"吃一堑，长一智"，面对错误，吸取教训，才是我们以后取得成功的最有力的保障和工具。

会吃亏的人不在乎一次小小的亏，而非常重视以后所会发生的更大的祸事，他们会吸取教训，积极行动，以改变未来的命运。这是"吃亏是福"的另一种含义，也是聪明的人对人生的一种睿智的解读。

5. 坦然接受命运的不公平

天有不测风云，人有旦夕祸福。有的人一生享尽荣华富贵，有的人一生徘徊在困顿落魄之中，似乎命运是如此不公。但是，西方有一句谚语：上帝为你关上一扇门的同时，又为你打开了另一扇窗。

因此，面对命运的不公，你要敢于坦然接受。每个人都不可能一帆风顺，即使是叱咤风云、权倾一时的人物也会有不如意。那么，他们是如何处理的呢？

丘吉尔是第二次世界大战的三巨头之一，这个举世瞩目、名扬四海的政治家，却在战争结束后不久的首相大选中落选了。对一般人来说，这次落选当然是件极狼狈的事，但他却极坦然。当时他正在自家的游泳池里游泳，秘书气喘吁吁地跑来告诉他："不好！丘吉尔先生，您落选了！"丘吉尔听了却爽朗地一笑说："好极了，这说明我们胜利了，我们追求的就是民主，民主胜利了，难道不值得庆贺吗？朋友，劳驾，把手巾递给我，我该上来了。"

三巨头之一的斯大林没忘抓住这个讽刺丘吉尔的机会，他们之间留下了一段著名的对话。

斯大林："你打了胜仗，他们却把你赶下了台，看看我，谁敢把我赶下去。"

丘吉尔："我打胜仗，正是为了保证他们有罢免我的权利。"

世界上充满了这样那样的抱怨，为了没有得到权力而抱怨，为了没有获得财富而抱怨，为了工作任务重而抱怨，为了领导偏心而抱怨……总之，哀怨声一片，于是有人感叹人生真是苦难。其实，并不是拥有了就是幸福，很多时候，成就一个人的往往是苦难。

有一个年轻人，因为家贫没有读多少书，他去了城里，想找一份工作。可是他发现城里没人看得起他。就在他决定离开那座城市时，他突发奇想，给当时很有名的银行家罗斯写了一封信，抱怨了命运对他的不公……

他渴望得到别人的指点，渴望得到别人的帮助。他一直在旅馆里等，几天过去了，他用完了身上的最后一分钱，也将行李打好了包。这时，房东说有他一封信，是银行家罗斯写来的。信中，罗斯并没有对他的遭遇表示同情，而是在信里给他讲了一个故事：

在浩瀚的海洋里生活着很多鱼，大多数的鱼都有鱼鳔，但是鲨鱼没有鱼鳔。鱼鳔对于鱼自身非常重要：鱼要上浮时，就将鱼鳔充满气体增加浮力；反之就放出鱼鳔中的气体。没有鱼鳔的鲨鱼照理来说是不可能活下去的——在海洋里只要它一停下来就有可能沉入海底。为了生存，鲨鱼只能不停地运动。然而很多年后，鲨鱼拥有了强健的体魄，有了尖锐的牙齿，有了敏捷的捕猎能力，成了同类中最凶猛的鱼。最后，罗斯说，这个城市就是一个浩瀚的海洋，你现在就是一条没有鱼鳔的鱼……

这个青年深受震撼，眼前浮现晃动着鲨鱼的身影。突然，他改变了决定。第二天，他跟旅馆的老板说，只要给他一碗饭吃，他可以留下来当服务生，一分钱工资都不要。旅馆老板不相信世上有这么便宜的劳动力，很高兴地留下了他。10年后，他拥有了令全美国羡慕的财富，并且娶了银行家罗斯的女儿，他就是石油大王哈默。

命运无所谓公平与不公平，关键看你如何对待。上帝用心良苦，让你通过另一种方式来获取幸福人生，你要有悟性，放下悲痛，坦然面对，幸福就从那顿悟的瞬间开始。

从前，有一老一小两个相依为命的盲人，每天靠弹琴卖艺维持生活。一天，年老的盲人终于支撑不下去了，病倒了，他自知不久将离开人世，便把年幼的盲人叫到床前，紧紧拉着他的手，吃力地说："孩子，我这里有个秘方，这个秘方可以使你重见光明，我把它藏在琴里面了，但你千万记住，你必须在认真地弹断第一千根琴弦的时候才能把它取出来，否则，你是不会看见光明的。记住，一定要认真地弹。"年幼的盲人流着眼泪答应了师父，老盲人含笑离去。

时光荏苒，岁月如梭，小盲人用心记着师父的遗嘱，不断地弹啊弹，将一根根弹断的琴弦收藏着，铭记在心。当他弹断第一千根琴弦的时候，当年那个弱不禁风的少年已经到了垂暮之年，变成一位饱经沧桑的老者。他按捺不住内心的喜悦，双手颤抖着，慢慢地打开琴盒，取出秘方。可

225

是，别人告诉他，那是一张白纸，上面什么都没有。

泪水滴落在纸上，他却笑了。刹那间，他看见了，他看到了师父的良苦用心，看到了他一生辛勤中的幸福。一千根琴弦的磨炼，日日夜夜的期盼，这些都是这无字秘方的真谛。

在这秘方的指引下，他坦然接受了命运的不公，在漫漫无边的黑暗探索与苦难煎熬中，他没有退缩、没有幽怨，他有的是现在的幸福和永远的希望。因为有了这遥远的希望，他能沉下心来，看看近在眼前的幸福，这一千根琴弦，每一根都饱含着他的深情。

盲人看不见光彩夺目的太阳，看不见皎洁的月光，看不见五光十色的大千世界，看不见精彩纷呈的物质人生，纵然盲人是不幸的，却不一定就是不幸福的。

每个人都是如此，为了未来而焦虑不安，把现在的不如意放大到极点，结果对于那些触手可及的幸福视而不见。幸福就在转念的一瞬间，没有永远的困难，与其难过与抱怨，不如笑对人生。

如果让人选择幸福与苦难，相信没有人会选择苦难，可是命运不由人，每个人都躲不过苦难，坦然接受苦难并不吃亏，很多成功的机会就隐藏在苦难里。同时，苦难与幸福是一对孪生姐妹，有苦难的地方一定有幸福，但是幸福需要自己把握。

6. 宽恕别人就是宽恕自己

一个不懂得宽容别人的人，会显得愚蠢笨拙；一个不懂得对自己宽容的人，则会将自己的生命之弦绷紧而伤痕累累。

印度的泰戈尔曾经给大家讲过这样一个故事：

有一位画家在集市上卖画，此时，有一个大臣来买画，而这位大臣恰恰是曾把画家的父亲折磨致死的那个人。他的孩子在穿过集市时，喜欢上了画家的一幅画，于是这位大臣来与画家交涉。画家非常痛恨这位大臣，他在画上盖了一块布，说他不愿意出售这幅画。

这孩子没有买到这幅画，郁郁寡欢地走了，回家以后一直对这幅画念念不忘，最后大臣还是来了，说愿意付一笔高价。但是画家宁肯让那幅画永远挂在画室的墙壁上也不愿出售，他沉着脸坐在画前，自言自语地说："这就是我的报复。"大臣只好失望而返。

这位画家有一个习惯，就是每天早晨描一幅神像。但现在他觉得这些画像一天天变得同他往常画的不同起来了。这件事情使他感到苦恼，而他找不到一个解答。直到有一天，他在工作中猛地惊跳起来：他刚画好的一幅神像的眼睛，竟是那个大臣的眼睛，神像的嘴唇也是大臣的嘴唇。他撕毁了画像，大声叫喊："我的报复已经回报到我头上来了！"

不能宽恕别人就是不能宽恕自己。福特公司就曾犯下这样的错误。

李·艾柯卡刚进福特公司时只是一名低级推销员，后来他推出新的推销方案"50计划"，使他负责地区的销售业绩从全公司最差一跃成为各区之首，一下子轰动了福特公司总部，他的职位也得到了提升。不久，他主持设计的"野马"车又为福特公司创造了数十亿美元的利润。后来，他开始出任公司的轿车和卡车系统的副总经理，经过十多年的奋斗，凭着天才的推销能力和杰出的研发组织能力，艾柯卡步步高升，成为福特汽车王国的高层管理人员。

但是有一次，艾柯卡犯了一个小小的错误，福特立即把他辞退了。艾柯卡在福特公司任职32年，当了8年经理，却被突然解雇，从巅峰坠入冰窖，这对艾柯卡来说打击是非常大的。昔日的朋友远离了他，妻子被气得心脏病发作，连女儿也骂他无能。他形单影只，成了世界上最孤独的人，但他不是一个随便退缩的人，既然福特与他化友为敌，他就要把这个对手的角色扮演下去。艾柯卡在福特那里没有得到宽恕，转而投奔克莱斯勒公司，经过一番努力，他领导的克莱斯勒公司在极短的时间内就抢占了福特的大部分市场，并很快跃到福特公司的前面。这个时候，福特对当初的做法后悔莫及了。

真聪明者知道，宽恕不仅是一种难能可贵的美德，而且是理性的行为，若能适当地学会宽恕，往往有意想不到而又神奇的功效。

日本的松下幸之助以其先进的管理方法，被商界奉若神明。他很善于宽恕。后腾清一原是三洋公司的副董事长，慕名而来，投奔松下公司，担任厂长。他本想大有作为，不料，由于他的失误，一场大火把工厂烧成了废墟，给公司造成了巨大的损失。后腾清一十分惶恐，认为这样一来不光厂长的职位保不住，还很可能被追究刑事责任，这辈子就完了。他知道松下是不会姑息部下的过错的，哪怕为了一点小事也会发火。但这一次让后腾清一感到欣慰的是松下连问也不问，只在他的报告后批示了四个字：

"好好干吧。"松下宽恕了他，后腾清一深为感动，也心怀愧疚，对松下更加忠心效命，并加倍努力地工作来回报松下，这之后他为公司创造的价值远远超过那个工厂当时的损失。

与人方便，与己方便。能够宽恕别人，不但可以使自己的心灵获得解脱，还可能给自己的未来留有余地。

林某与同事之间有了点儿摩擦，很不愉快，便对同事说："从今天起，我们断绝所有关系，彼此毫无瓜葛……"谁知，这话说完还不到两个月，这位同事就成了他的上司，林某因讲过过重的话，很尴尬，工作也不好正常进行，只好辞职，另谋高就。

所以，与人交恶，不要口出恶言，更不要说出"势不两立"之类的话，要学会宽恕别人，在自己的宽容里解放对方，也成就自己。

有位哲人说："把自己当成别人，把别人当成自己。那么，你就是一个快乐的人。"特别是当别人得罪了你时，你更要能站在他的位置进行换位思考，学会容忍别人，像容忍自己一样容忍他人，你不但会得到心灵的释放，同时还会获得珍贵的友谊。没有宽恕就没有恒久的爱，也没有真正的自由。

7. 退即是进，与即是得

《菜根谭》里讲："退即是进，与即是得。"

明朝安肃有个名叫赵豫的人。宣德和正统年间，他曾经任松江知府。在任期间，赵豫对老百姓嘘寒问暖，关怀备至，深得松江老百姓的爱戴。

赵豫处理日常事务，有他自己的一套工作方法。每次他见到来打官司的，如果不是很急的事，他总是慢条斯理地说："各位消消气，明日再来吧。"起先，大家对他的这套工作方法不以为然，甚至还暗地里给编了一句"松江知府明日来"的顺口溜来讽刺他，都叫他"明日来"。

赵豫性格稳重，为人宽厚，听到这个绰号，总是淡淡地笑笑，从不责备叫他绰号的人。因为他的态度和蔼，对下属从不声色俱厉，所以，那些下属有什么话都敢于跟这位知府老爷说。一天，一个下属问他："大人，您为什么要这样做？这样做太伤害您的名誉了。"赵豫于是解释了"明日再来"的好处："有很多人来官府打官司，是乘着一时的愤激情绪，而经过冷静思考后，或者别人对他们加以劝解之后，气也就消了。气消而官司平息，这就少了很多的恩恩怨怨。"

退后一步，对事情进行"冷处理"，有助于缓和情绪，让问题得到更好的解决。赵豫的"明日再来"的做法，是合乎人的心理规律的。经过一天的冷却，当事人都不很急躁，才能理智地对待所发生的一切。这种"冷处理"包含了为人处世的智慧，把它用在生活中，会避免不必要的争执。

面对急躁气盛的对手，要以怀柔政策、心灵感化等方法胜之。《后汉书》中说："柔能制刚，弱能制强。柔者德也，刚者贼也；弱者仁之助也，强者怨之归也。"柔弱者解决矛盾靠的是"仁"，软化冲突，融解矛盾，越是刚烈者似乎越受不了软化的招法儿。以刚克刚，两强相争，必然是互不相让，矛盾激化，冲突强化，越发不好解决。世上最强大的不是刚，而是柔。

很多寺院里都有一个大腹便便、笑容满面、背着一个布袋子的和尚，大家称他为弥勒佛。依照我国传统的讲法，布袋和尚是弥勒菩萨的化身，时常背着袋子行慈化世。

一天，布袋和尚正行走间，看到了农夫在田地里倒退着插秧，心有所感，因此作了一首诗：

手把青秧插满田，低头便见水中天。

心地清净方为道，退步原来是向前。

著名的星云禅师曾对此诗进行了详细的解释："手把青秧插满田"，描写农夫插秧的时候，一根接着一根往下插；"低头便见水中天"，低下头来看到倒映在水田里的天空；"心地清净方为道"，当我们身心不再被外界的物欲染着的时候，才能与道相契；"退步原来是向前"，农夫插秧，是边插边后退的，正因为他能够退后，所以才能把稻秧全部插好，所以他插秧时的"退步"，正是工作的向前推进。

正如跳高、跳远，要退到后面很远的地方，在跳时才会有很强的冲击力。生活也是如此，退后一步就是为了更好地前进。一般人总以为人生向前走才是进步风光的，但有时退步更是向前，更是风光。古人说，"以退为进""万事无如退步好"，在功名富贵之前退让一步，是何等的安然自在！在世事纷争面前退让一步，是何等的超然坦荡！在人我是非之前退让一步，是何等的悠然自得！这种谦恭中的忍让才是真正的进步，这种时时照顾脚下，脚踏实地地向前才至真至贵。人生不能只是往前冲，有的时候若能退一步思量，所谓"回头是岸"，往往能海阔天空。

忍一时风平浪静。当不愉快的事情发生后，退一步想，就会海阔天空。在实际生活中，不管你多么有能耐、多么无情，总是有人比你更有能耐、更加无情。与其拼个鱼死网破，倒不如后退几步，另求他路。

尼克松在担任美国总统之后，基辛格曾讥讽尼克松"根本没能力治理好美国"，而且在竞选总统前他曾一度反对尼克松。但是，他的这些行为并没有影响到尼克松总统对他的重用，他仍被聘任为国家的安全助理。尼克松的这种低调处理姿态，使基辛格深为感动，他倾其全力帮助尼克松总统。后来，基辛格以其渊博的知识、独到的见解、过人的胆识纵横国际政坛，成为驰名国际的外交家。而尼克松总统以其宽宏大量的胸襟，不仅成就了一段政坛佳话，并且为世人树立了一个宽容的典范。

古往今来，曲径通幽、卧薪尝胆、委曲求全而最终成大业者，都经历过先退步而后成就轰轰烈烈的壮举的过程。退后一步，即使一时处于低势，但内心获得了轻松、潇洒，便是在精神上做好了向前冲的准备。

所谓"山不转水转"。凡事要以退为进，切不可事事求强、求胜、求先。事实上，有时暂时的败、一时的退、短期的弱对事业和人生来说都不一定是坏事。相反，它会为你的下一次进步积蓄力量。为人处世要有退步的气魄，要学会退，以退为进。